全圖解永久保存版！

初學棒針編織
入門書

簡單清晰
一看必懂

專有名詞詳解 · 基礎針法圖解 · 棒針編織必備技巧全收錄！

CONTENTS

最後加工修飾　85

編織作品

針目記號織法　　　135

第1章　編織前的準備

在開始棒針編織之前，先準備好必要的工具與織線吧！
本章對於棒針種類、其他工具，以及織線的材質、
種類、使用方法等皆有詳盡的介紹。

棒針 & 工具

本單元將介紹棒針編織時必要的針具與便利工具。

請先深入了解用途,再依照需要準備齊全吧!

● 棒針種類

棒針編織使用的棒針種類,會根據作品尺寸與形狀而有所不同。此外,
棒針長度與輪針連接線的長度也有各種規格,請務必配合織片寬度與編織針數,選擇合適的棒針。

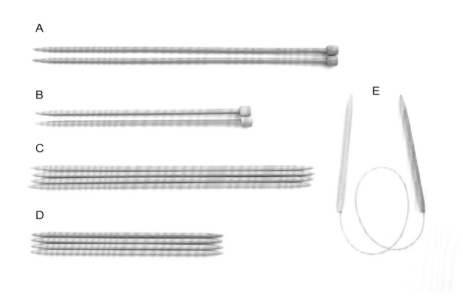

A. B. 2枝1組單頭棒針

棒針一端設有擋珠,可避免織片與針目在編織途中滑脫,適合往復編時使用。

C. D. 4枝1組雙頭棒針

棒針兩端皆為可編織針目的尖針狀,適合輪編時使用。

※亦有適合編織小型織品的5枝1組雙頭棒針。

E. 輪針

在尼龍線兩端連接短棒針構成的針具,適合輪編使用。

● 棒針規格

棒針依粗細區分規格,針號由0號至15號,此外還有直徑7mm至25mm的超粗規格,
針號數字越大,棒針越粗。請配合織線粗細與形狀,選擇合適的棒針。

※圖為實際原寸

針號	棒針直徑	
0	2.1mm	
1	2.4mm	
2	2.7mm	
3	3.0mm	
4	3.3mm	
5	3.6mm	
6	3.9mm	

針號	棒針直徑	
7	4.2mm	
8	4.5mm	
9	4.8mm	
10	5.1mm	
11	5.4mm	
12	5.7mm	
13	6.0mm	

針號		棒針直徑	
14		6.3mm	
15		6.6mm	
巨大棒針 7mm		7.0mm	
巨大棒針 8mm		8.0mm	
巨大棒針 10mm		10.0mm	

● 便利工具

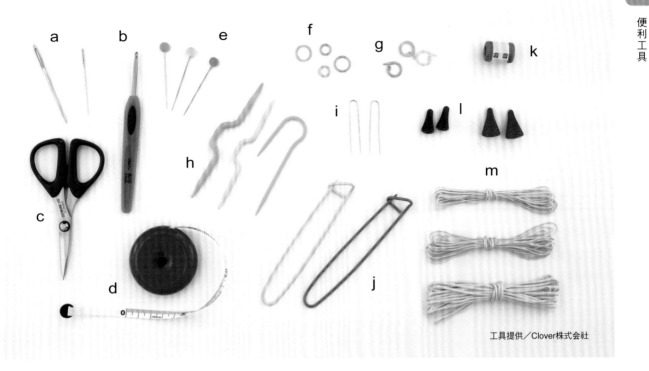

工具提供／Clover株式会社

a. 毛線針

毛線縫製用針，針尖圓潤，針孔也較大。綴縫、併縫、收針藏線等情況下使用。

b. 鉤針

針尖彎曲呈鉤狀的編織用針。起針、綴縫、併縫、接合流蘇等情況下使用。

c. 剪刀

剪斷織線時使用。

d. 捲尺

測量織片尺寸或密度時使用。

e. 編織用珠針

針體較長，針尖圓潤的編織專用珠針。
接縫織片等情況下使用。

f. 針數環

在織入圖案的位置、輪編的織段起點等處，穿入並掛在棒針上，作為標示的道具。

g. 段數環

掛在針目上作為標示，方便計算段數的道具。

h. 麻花針

編織花樣編的交叉針時使用。
另有U字形的麻花針。

i. U形針

將織片固定於燙墊時使用。特徵為針尖彎曲，方便整燙。

j. 防解別針

收針段針目維持原狀暫休針，
而棒針需要滑出針目的情況下使用。

k. 針數段數器

進行編織的同時，一邊記錄針數與段數時使用。
可事先穿入棒針。

l. 棒針固定器

中途暫休針、暫停編織等情況時，套在針尖上防止針目滑脫的道具。

m. 起針線

以其他線材作為起針的織線，並在之後拆除的別線。使用不易糾結的滑順材質，方便挑針與拆線。

關於織線

編織使用的線材,有著各式各樣不同的材質、外形與粗細。
只是改換不同種類的織線編織,就能讓同一件作品呈現出完全不一樣的感覺。

● 線球種類

市售織線通常是以捲繞成各種形狀的線球販售。以下介紹最常見的形式。

A. 一般線球

最常見的線球形狀。
從線球中央拉出線頭來使用。

B. 甜甜圈線球

為柔軟織線最常見的線球形狀。
需取下標籤使用織線。

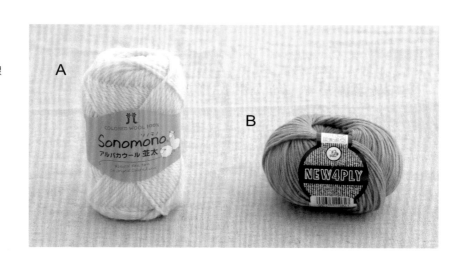

● 線球標籤說明

線球標籤上記載著許多織線相關資訊。只要了解標籤說明,就能作為挑選織線的參考。
保存或需要加購織線時也會更加便利。

表示構成織線的素材成分。依材質而言,可大致分為夏用與秋冬用織線。

棉、麻等材質,主要作為夏季織品線材使用。

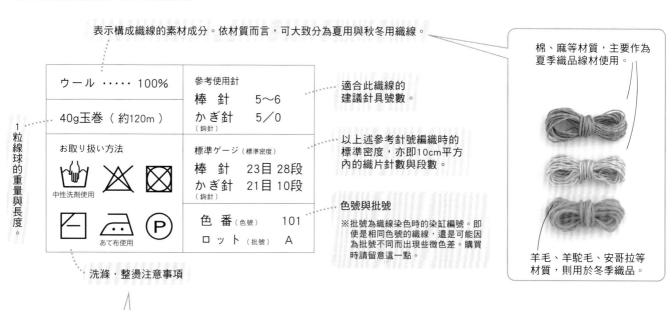

ウール ‥‥ 100%	參考使用針 棒針 5〜6 かぎ針 5／0（鉤針）
40g玉巻（約120m）	
お取り扱い方法	標準ゲージ（標準密度） 棒針 23目 28段 かぎ針 21目 10段（鉤針）
	色番（色號） 101 ロット（批號） A

1粒線球的重量與長度。

中性洗剤使用

あて布使用

洗滌‧整燙注意事項

適合此織線的建議針具號數。

以上述參考針號編織時的標準密度,亦即10cm平方內的織片針數與段數。

色號與批號
※批號為織線染色時的染缸編號。即使是相同色號的織線,還是可能因為批號不同而出現些微色差。購買時請留意這一點。

羊毛、羊駝毛、安哥拉等材質,則用於冬季織品。

使用中性清潔劑

可手洗,
水溫以40℃為限
（使用中性清潔劑）。

不可使用含氯、含氧的漂白劑。

不可使用滾筒式乾衣機烘乾。

平放陰乾。

使用墊布

可整燙,熨斗底面溫度以150℃為限
（需使用墊布）。

可使用含四氯乙烯或石油等成分的乾洗溶劑。

● 線材粗細

織線越細，編織的針目越小，完成的織片也薄；織線越粗，編織的針目越大，完成的織片也厚。

※以下介紹為織線粗細的大致分類，實際採用此標示方式的市售織線並不多見。
　織線粗細也會因為不同廠牌而出現些許差異。挑選織線時，請依據線球標籤上的建議，選擇合適的針具規格。

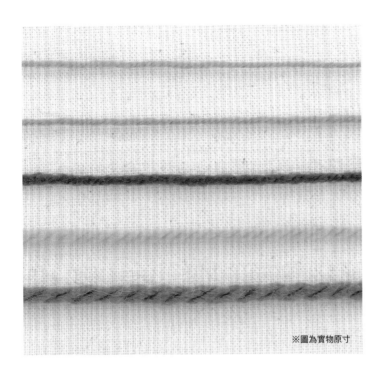

中細（2～4號棒針）

合太（4～5號棒針）

並太（5～8號棒針）

極太（9～15號棒針）

超極太（15號棒針～至巨大棒針）

※圖為實物原寸

● 線材形態

由於撚線方式與構成素材的多樣性，完成的織片風格也會因織線形態而截然不同。

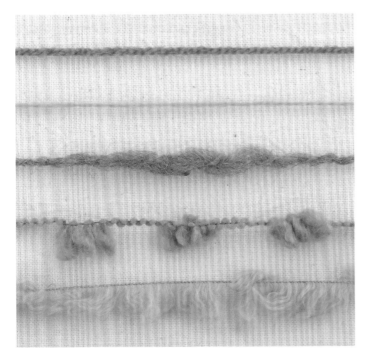

平直線
撚線方法與粗細皆相同的織線，可編織出整齊漂亮的針目。線材粗細與顏色豐富多樣，適合編織纖細的花樣編或織入圖案。

毛海
擁有長長毛足，可完成蓬鬆柔軟織片的織線。

竹節紗
線材會因位置不同而時粗時細。針目大小會出現明顯差異，使得織片變化更加豐富。

圈圈紗
線材表面有著不規則線圈的織線，針目形狀較不明確，可以作出宛如布料的織片。

仿毛皮紗
擁有濃密的長長毛足，完成的織片宛如皮草。

● 織線取用方法

若是使用線球外側的織線開始編織，每次拉線時，線球就會四處滾動，造成妨礙。
因此通常都是建議從線球中央拉出線頭，以這一端開始編織。

一般線球

1 　將食指與中指伸入線球中。

2 　從線球中央拉出線頭，找不到線頭時，不妨如圖示拉出一小團織線來尋找。

3 　從線團中找出線頭，並且以此開始編織。

甜甜圈線球

1 　先取下標籤。

2 　將食指與中指伸入線球中。

3 　捏住線頭後直接拉出。

第2章　棒針編織基本知識

本章彙整了許多初學者都想了解的棒針編織基本知識。

無論是市售編織書籍中常見的專有名詞，

或是操作圖・織圖的標示資訊等，皆以深入淺出的方式清楚解說。

實際動手編織之前，請務必詳細閱讀。

關於織片

本單元將以最基本的織片為範例，詳細介紹各部位的針目名稱。

● 各部位名稱

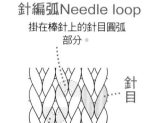

針編弧Needle loop
掛在棒針上的針目圓弧部分。

針目

沉降弧Sinker Loop
連結兩個針編弧，往下穿過兩個針目的圓弧部分。

收針
固定編織完成的針目並滑出棒針的部分（圖為套收針）。收針有許多方式可採用（參照P.86至P.93），請配合作品選擇。

織片
編織許多針目之後構成的面。

起針
作出針目開始編織的部分（圖為手指掛線起針）。請配合作品選擇各種合適的起針方法（參照P.25至P.45）。

● 何謂1針・1段？

為了正確地計算針數、段數，請牢記1針・1段的針目形狀。

下針
1針・1段呈現V形。

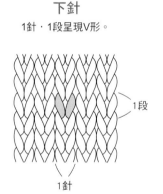

1段

1針

上針
1針・1段呈現∩形。

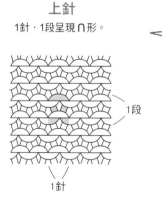

1段

1針

花樣編的針與段計算方法

起伏編
藍色凸起稱作1山，為2段分。

桂花針
藍色凸起交錯間隔並排成Z形。

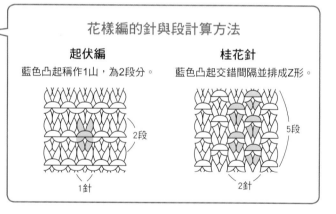

2段

1針

5段

2針

從密度計算出合適尺寸的針數＆段數

舉例　需要調整織品尺寸時，只要藉由測量密度的數值，即可以簡單的算式換算出相對的針數・段數。

10cm正方形的織片密度為 15針 20段 ，以此來計算 25cm 正方形織片所需的針數・段數吧！

【針數】　15針 ＝ 10cm　→　1.5針 ＝ 1cm
25cm × 1.5針 ＝ 37.5　→　**38針**

【段數】　20段 ＝ 10cm　→　2段 ＝ 1cm
25cm × 2段 ＝ 50　→　**50段**

密度
（10cm正方形）
15針 20段

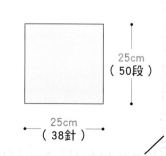

25cm
（50段）

25cm
（38針）

關於密度

密度係指織片密度，表示10cm正方形範圍內的織片針數與段數。

實際密度會因為個人編織力道輕重而產生差異，即便使用指定織線與棒針，也未必能夠確實作出相同尺寸的織片。請一定要配合刊載密度，試織並測量密度後，挑選合適的棒針，完成指定尺寸的織片。

● 密度的測量方法

POINT

由於靠近織片邊端的針目容易大小不均，因此測量密度時需要更大的織片（15～20cm的正方形）。織片具有橫向長則容易橫向延展，縱向長則容易縱向延展的特性，所以測量密度用的織片必須越接近正方形越好，這點十分重要。

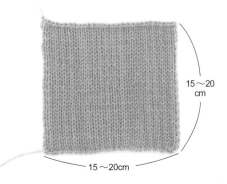

15～20 cm

15～20cm

1 以編織作品的相同織法，試織出15～20cm的正方形織片，並使用蒸氣熨斗平整定型。

針 數　　　　　　　段 數

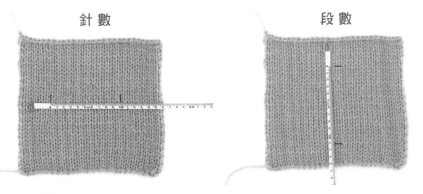

POINT

以蒸氣熨斗整順織片針目，再測量織片中央針目整齊均一的部分，但是仔細觀察時，密度未必完全一樣。請測量2至3處，取其平均值。

2 將織片放在平坦處，計算織片中央長、寬10cm的針數與段數。

不符合指定密度時

調整針具號數，儘量完成接近指定密度的織片。

以指定針號的棒針完成織片

6號針

密度 太稀疏
（針數・段數少於指定密度）

4～5號針 → 改換小1～2號的較細棒針，重新編織。

密度 太緊實
（針數・段數多於指定密度）

7～8號針 → 改換大1～2號的較粗棒針，重新編織。

※初學者可能會出現依照指定密度編織，卻因為中途編織力道忽大忽小而織出不同密度的情況，編織過程中請經常測量密度。

※最初幾段是無法正確測量密度的。由於織片本身的特性會導致編織2、3段後，寬度明顯變寬的情況，因此請務必編織15cm以上的段數來測量。

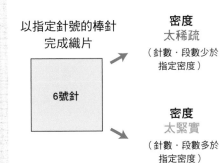

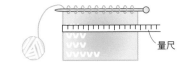

量尺

往復編 & 輪編

交互看著織片正面與背面，完成各段編織的作法稱為「往復編」，
固定看著織片的其中一面，完成各段編織的作法則是「輪編」。

● 往復編

以2枝棒針進行編織

每織好一段就翻面，交互看著織片的正面與背面進行編織。
織圖上表示編織方向的箭頭，每段方向皆為正反正反排列。
看著正面編織的織段，依照織圖上的針法記號編織，
看著背面編織的織段，則是編織相反的針法記號。

編織記號圖（織圖）

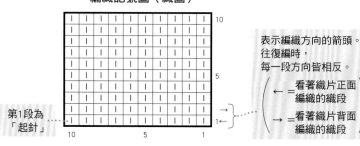

第1段為
「起針」

表示編織方向的箭頭。
往復編時，
每一段方向皆相反。
(← =看著織片正面
編織的織段)
(→ =看著織片背面
編織的織段)

記號編織順序

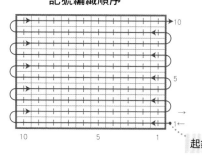

起針

雖然織圖上全部都是 |（下針）記
號，但由於偶數段是看著織片背面
編織，因此實際上是編織與針法記
號相反的 —（上針）。

下針 & 上針

以下針編織完成的針目，從織
片背面看即為上針。
以上針編織完成的針目，從織
片背面看即為下針。

下針 　上針

● 輪編

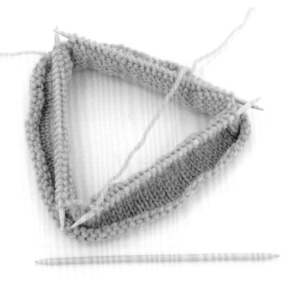

以4枝（5枝）棒針進行編織

織圖上表示編織方向的箭頭，每一段皆朝著相同方向。固定看著其中一面編織，
不需要反向解讀織圖記號。也不需要縫合脇邊，作品擁有更加俐落的輪廓。

編織記號圖（織圖）

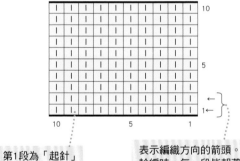

第1段為「起針」

表示編織方向的箭頭。
輪編時，每一段皆朝著相同方向。

記號編織順序

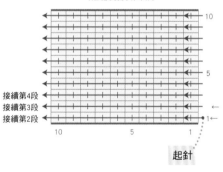

接續第4段
接續第3段
接續第2段

起針

使用輪針進行編織

除了以4枝（5枝）棒針編織外，也可以使用輪針來
進行輪編。輪針有多種長度，請配合作品選擇適合長
度的規格。選用比作品完成尺寸短一點的輪針，編織
時會更順手，完成的織片也漂亮。

棒針編織基本織片花樣

本單元要介紹棒針編織的基本，也就是僅以上針與下針目法構成的織片。
只是改變下針與上針的組合，就能夠完成風格截然不同的織片。

● 平面編

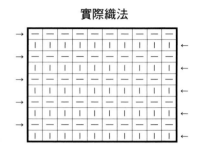

織圖　　　　　　實際織法

棒針編織最基本的織片，正面皆為下針。
往復編時，始終重複編織1段下針與1段上針。輪編時則是一直編織下針。
具有左右邊端朝著背面捲曲，上下邊端朝著正面捲曲的織片特性。

● 上針的平面編

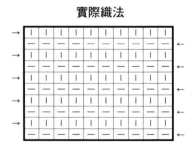

織圖　　　　　　實際織法

這是從平面編織片背面觀看的模樣，所有針目皆為上針。
往復編時，與平面編一樣，始終重複編織1段上針與1段下針。
輪編時則是一直編織上針。

● 起伏編

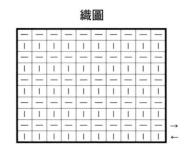

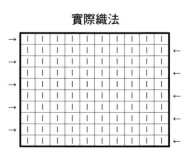

織圖　　　　　　實際織法

織片正面是重複交互編織1段下針與上針的樣子。
往復編時，每一段都是織下針。無正、反面之分，織片平坦且穩定。
相較於平面編，具有縱向收縮，橫向延展的特徵。

● 一針鬆緊編

織圖　　　　實際織法

橫向編織時，始終以1針下針、1針上針的方式進行，具有橫向伸縮性的織片。

● 二針鬆緊編

織圖　　　　實際織法

橫向編織時，始終以2針下針、2針上針的方式進行，具有橫向伸縮性的織片。

● 桂花針

織圖　　　　實際織法

重複編織指定針數‧段數的下針與上針，完成具有凹凸感的織片。
（圖為交互編織1針‧1段的織片）
無正、反面之分，織片平坦，針目穩定。

操作圖（製圖）＆織圖

棒針編織會以「操作圖」與「織圖」兩種圖示來記載編織相關資訊。

操作圖是以數字來表示作品尺寸，以及對應針數・段數的圖。

織圖則是以1個方格來表示1針1段，並且加上編織針法記號的方格圖。

● 操作圖說明（毛衣）

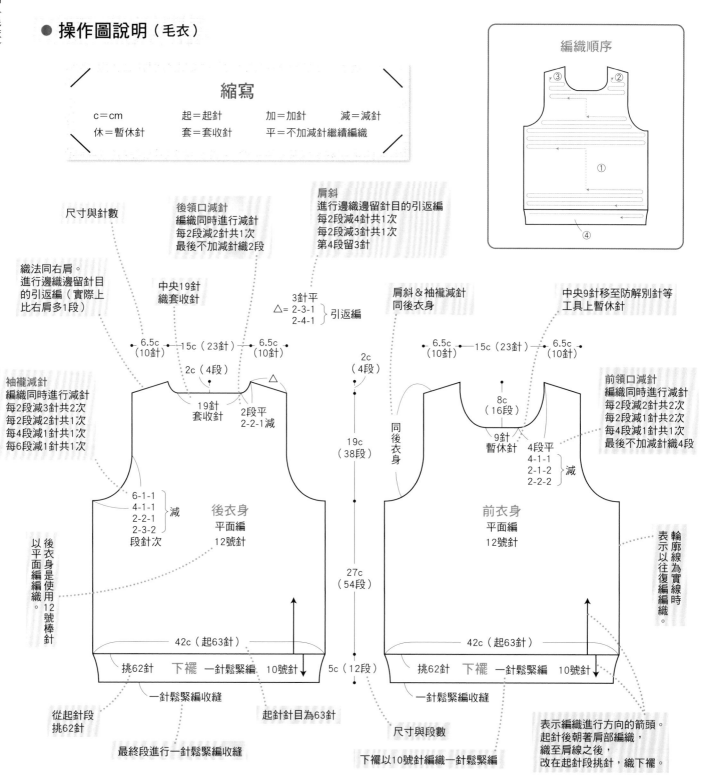

編織順序

縮寫

c＝cm　　　起＝起針　　　加＝加針　　　減＝減針

休＝暫休針　　套＝套收針　　平＝不加減針繼續編織

尺寸與針數

後領口減針
編織同時進行減針
每2段減2針共1次
最後不加減針織2段

肩斜
進行邊織邊留針目的引返編
每2段減4針共1次
每2段減3針共1次
第4段留3針

織法同右肩。
進行邊織邊留針目
的引返編（實際上
比右肩多1段）

中央19針
織套收針

3針平
△＝ 2-3-1
　　 2-4-1 ⎬引返編

肩斜＆袖襱減針
同後衣身

中央9針移至防解別針等
工具上暫休針

・6.5c・—15c（23針）—・6.5c・
（10針）　　　　　　（10針）

2c（4段）

△

・6.5c・—15c（23針）—・6.5c・
（10針）　　　　　　（10針）

2c
（4段）

8c
（16段）

前領口減針
編織同時進行減針
每2段減2針共2次
每2段減1針共2次
每4段減1針共1次
最後不加減針織4段

袖襱減針
編織同時進行減針
每2段減3針共2次
每2段減2針共1次
每4段減1針共1次
每6段減1針共1次

19針
套收針

2段平
2-2-1減

19c
（38段）

同後衣身

9針
暫休針

4段平
4-1-1
2-1-2 ⎬減
2-2-2

輪廓線為實線時
表示以往復編編織。

後衣身
是使用12號棒針

6-1-1
4-1-1
2-2-1 ⎬減
2-3-2
段針次

後衣身
平面編
12號針

前衣身
平面編
12號針

27c
（54段）

42c（起63針）

挑62針　　下襬　一針鬆緊編　10號針

5c（12段）

42c（起63針）

挑62針　　下襬　一針鬆緊編　10號針

一針鬆緊編收縫

從起針段
挑62針

起針針目為63針

最終段進行一針鬆緊編收縫

尺寸與段數

下襬以10號針編織一針鬆緊編

一針鬆緊編收縫

表示編織進行方向的箭頭
起針後朝著肩部編織，
織至肩線之後，
改在起針段挑針，織下襬。

● 織圖說明（毛衣）

織圖上標記著觀看織片正面時的所有針法記號。
看著織片背面編織時的織段，實際上則是編織與織圖相反的針法記號。

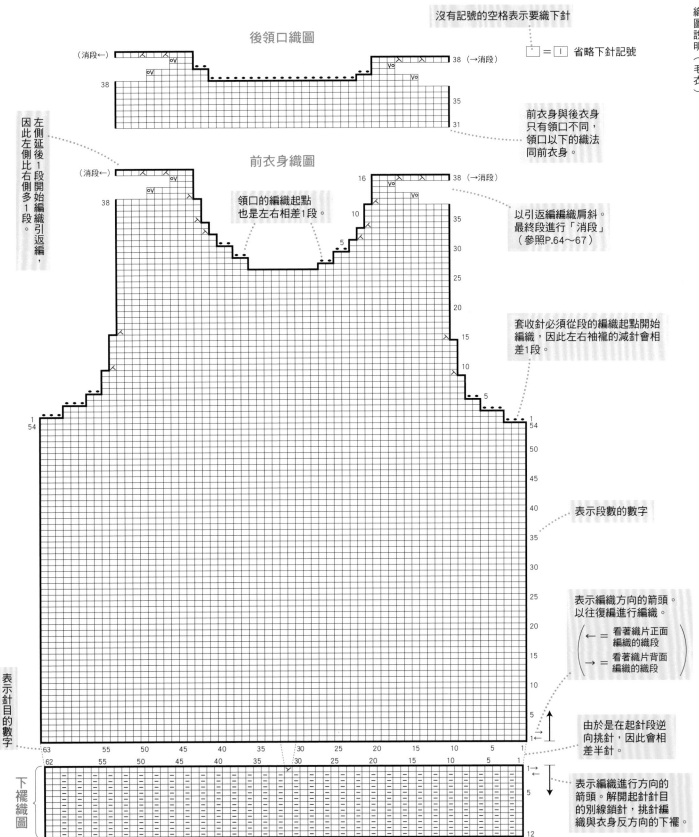

沒有記號的空格表示要織下針

□＝| 省略下針記號

後領口織圖

前衣身織圖

前衣身與後衣身只有領口不同，領口以下的織法同前衣身。

領口的編織起點也是左右相差1段。

左側延後1段開始編織引返編，因此左側比右側多1段。

以引返編織肩斜。最終段進行「消段」（參照P.64～67）

套收針必須從段的編織起點開始編織，因此左右袖襱的減針會相差1段。

表示段數的數字

表示編織方向的箭頭。以往復編進行編織。
（← ＝看著織片正面編織的織段）
（→ ＝看著織片背面編織的織段）

表示針目的數字

由於是在起針段逆向挑針，因此會相差半針。

下襱織圖

表示編織進行方向的箭頭。解開起針針目的別線鎖針，挑針編織與衣身反方向的下襱。

21

● 操作圖說明（小物）

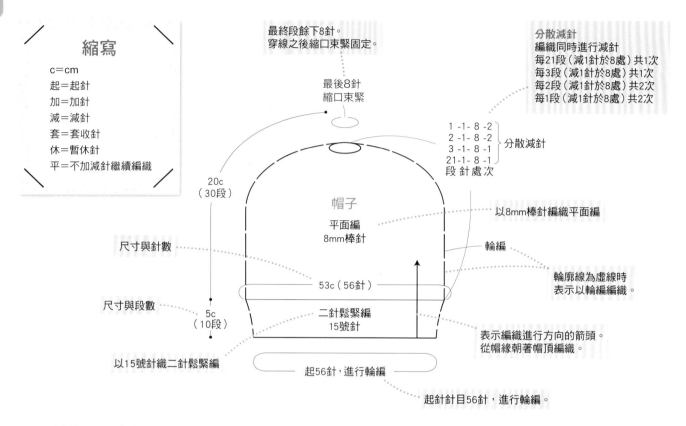

縮寫

c＝cm
起＝起針
加＝加針
減＝減針
套＝套收針
休＝暫休針
平＝不加減針繼續編織

最終段餘下8針。
穿線之後縮口束緊固定。

最後8針
縮口束緊

分散減針
編織同時進行減針
每21段（減1針於8處）共1次
每3段（減1針於8處）共1次
每2段（減1針於8處）共2次
每1段（減1針於8處）共2次

```
1 -1- 8 -2
2 -1- 8 -2     分散減針
3 -1- 8 -1
21-1- 8 -1
段 針 處 次
```

20c
（30段）

帽子

平面編
8mm棒針

以8mm棒針編織平面編

輪編

尺寸與針數

53c（56針）

輪廓線為虛線時
表示以輪編編織。

尺寸與段數

5c
（10段）

二針鬆緊編
15號針

表示編織進行方向的箭頭。
從帽緣朝著帽頂編織。

以15號針織二針鬆緊編

起56針，進行輪編

起針針目56針，進行輪編。

● 織圖說明（小物）

沒有記號的空格表示
要織下針。

分散減針時，織圖會出現
無針目的空白部分，實際
上仍是連續編織。

帽子織圖

□ ＝ | 省略下針記號

繼續
編織

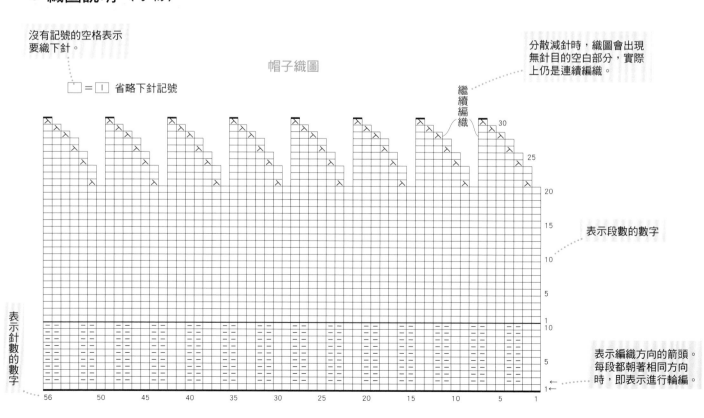

表示段數的數字

表示針數的數字

表示編織方向的箭頭。
每段都朝著相同方向
時，即表示進行輪編。

第3章　棒針編織技巧

工具、織線已萬事俱備，那就開始動手編織吧！
本章從棒針與織線的拿法、開始編織的起針法、
編織時的加針與減針方法等，
實際編織作品的必要技巧都有詳細解說。

掛線方法＆棒針拿法

以下是完成起針針目後，編織時的織線與棒針拿法。
棒針編織可大致分成「法式」與「美式」兩種手法，
本書說明皆為法式編織。

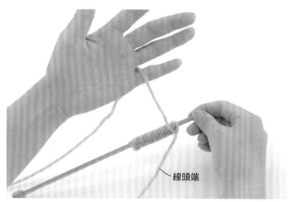

線頭端

1 掛著針目的棒針針尖朝向右側，編織線如圖示夾在左手小指與無名指之間。

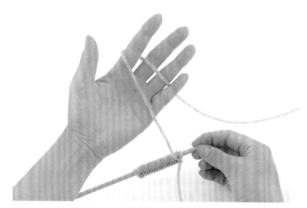

2 讓織線穿過無名指與中指，掛在食指上。

3 左手食指伸直，其他手指如圖示持針。右手拿起另1枝棒針，開始編織。

4 調整編織力道，以掛在左手上的織線能夠順暢送出的鬆緊度進行編織。

所謂的美式編織

將織線掛在右手食指上進行編織的方法。
一旦放下右棒針時，由於編織時主要運作的棒針與掛線皆在右手，因此再次編織時，相較於法式編織需要多花一些時間。雖然針目容易織得較緊，但大小也便於調整均一，完成的織片會比較漂亮。

起針

開始編織時，必須在棒針上製作出構成織片的基底——亦即位於最下方的線圈狀針目，此步驟稱為「起針」。

製作完成掛在棒針上的線圈稱為「起針針目」。

起針針目分成具有伸縮性、不具伸縮性、之後可拆除的別鎖等，

請配合織片或織法，選擇適合的起針方法。

● 手指掛線起針

棒針編織最基本的起針法。

具有適度的伸縮性，適合平面編、起伏編、鬆緊編等各種織片。

1 從線球中央拉出線頭。

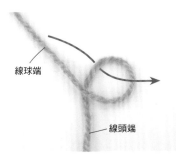

2 線頭端預留約編織寬度3.5～4倍長的線段，如圖示作出1個線圈，並依箭頭指示，從中拉出織線。

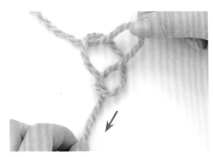

3 拉出織線的模樣。依箭頭指示，拉動線頭端的織線，收束線圈。

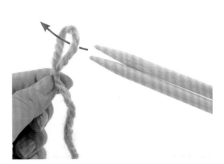

4 收束後的模樣。將2枝棒針一起穿入線圈。

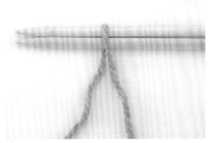

5 收緊線圈掛在針上，此即完成1針。

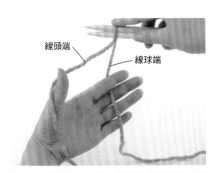

6 右手持針，左手食指掛線球端織線，拇指掛線頭端織線。

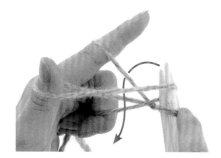

7 其他手指確實握住2條織線。右手食指壓住第1針。

8 右棒針依箭頭指示，挑起拇指上的織線。

9 棒針繼續依箭頭指示挑食指上的織線，再從掛在拇指的織線下方穿出。

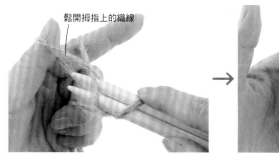

鬆開拇指上的織線

10 掛線穿出後的模樣。接著鬆開拇指上的線圈。

11 右手按住掛在針上的線圈，拇指再次勾住線頭端織線，依箭頭指示拉緊，完成第2針。

12 重複步驟8～11，製作必要的起針數。

13 完成17針的模樣。

14 完成必要針數後，抽出1枝棒針。完成手指掛線起針，此起針針目計入第1段。

● 別鎖起針（別線鎖針起針）

先以別線（滑順的其他線材）鬆鬆地鉤織鎖針，再從鎖針裡山鉤出線圈，作出掛在棒針上的針目。
別線的鎖針需要在編織後解開，另行處理，因此適合要朝著反方向挑針編織的作品。

1 以鉤針鉤織多出必要針數約5針的鎖針。

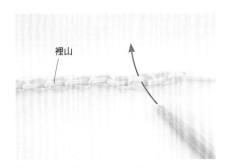

裡山

2 棒針依箭頭指示穿入鎖針裡山。

3 棒針穿入裡山，依箭頭指示鉤出織線。

4 鉤出織線，完成1針。

5 挑出必要的針目數量，完成別鎖起針。掛在棒針上的針目即為第1段。

鎖針起針

1 鉤針置於織線後面，依箭頭指示旋轉，作出一個線圈。

2 左手拇指與中指捏住織線交叉點，依箭頭指示移動鉤針，在針上掛線。

3 鉤針掛線後如圖示鉤出。

4 下拉線頭，收緊最初的線圈。

5 鉤針如步驟 **2** 掛線鉤出。

6 完成第1針鎖針。重複步驟 **5** 進行相同的編織。

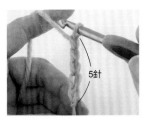

5針

7 完成5針鎖針的樣子。
※掛在鉤針上的線圈並不計入針數。

解開別線鎖針的挑針方法

一邊解開別線鉤織的鎖針，一邊將針目移至棒針上。

1 如箭頭指示挑線，從別線鎖針的最後1針開始拆解。

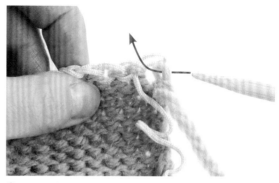

2 輕輕鬆開1針鎖針，棒針依箭頭指示穿入，挑起針目。

3 棒針穿入下一個針目，拉別線解開下1針鎖針。

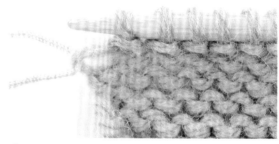

4 以相同方式依序挑針，解開別鎖至最後1針時，會發現別線如圖示穿入邊端織線的情況。

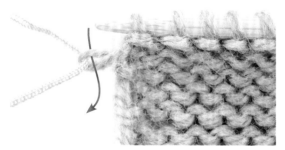

5 將邊端織線扭轉1次，棒針再依箭頭指示穿入，挑起最後1針。

6 所有針目挑針完成的模樣。

● 共線鎖針起針

以作品織線（共線）鉤織鎖針後，棒針從鎖針裡山鉤出織線，作為起針針目。此鎖針不解開，直接作為織片邊端使用。

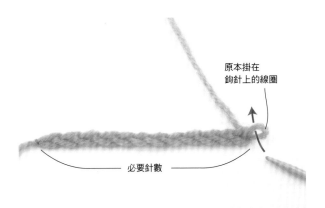

原本掛在
鉤針上的線圈

必要針數

1 使用鉤針以共線鉤織必要針數的鎖針，接著改以棒針穿入原本掛在鉤針上的線圈。

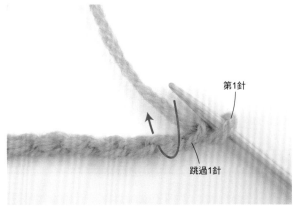

第1針

跳過1針

2 移至棒針上的線圈即為第1針。跳過1針鎖針，棒針依箭頭指示穿入第2針的裡山，掛線。

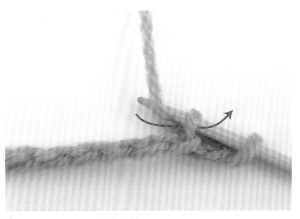

3 棒針依箭頭指示鉤出織線。

4 完成第2針挑針。棒針依箭頭指示穿入下1針的裡山，掛線鉤出織線。

5 重複步驟4，完成第6針挑針的模樣。以相同作法挑至另一端。此段即為第1段。

起針的鎖針

6 編織至第6段的模樣。起針的鎖針針目在織片下緣整齊並排著。

● 起針接合成圈的輪編

進行輪編時的作法。此處以手指掛線起針法進行解說，不過別鎖起針也是以相同訣竅接合成圈。

以4枝棒針編織時

1 先以4枝棒針的其中2枝進行手指掛線起針，完成必要針數（參照P.25）。

2 抽出1枝棒針。

3 將起針針目平均分配至3枝棒針上。

避免扭轉交接處的針目

使用5枝棒針時，平均分配至4枝棒針上。

4 針目平均分配至3枝棒針上。此起針段計入段數，為第1段。

5 右手如圖示拿起3枝針。

6 翻轉右手，使織線位於正確的右側。

7 一邊移動左右棒針一邊注意別遺漏針目，將針目挪向針尖，可以更加順暢地進行下1段的編織。

8 繼續編織第2段時即接合成圈。接合時要注意，棒針交接處的針目是否扭曲變形，左手拿著掛有針目的棒針，右手持第4枝棒針。

9 編織第2段的第1針時，要稍微拉緊織線，避免與第1段（起針）的最後1針產生空隙。

10 完成第1針。

11 一邊注意別讓第1針鬆開，一邊織第2針，第3針以後皆依織圖進行。

12 換織下一枝棒針的針目時，同樣要稍微拉緊織線，以免出現空隙。

13 完成第2段的模樣。

POINT

棒針交接處的針目，容易出現織得太鬆的情況，這時要稍微拉緊掛在左手上的織線，一邊注意針目鬆緊度一邊編織。

○ 棒針交接處的針目鬆緊適當，完成漂亮織品的實例。

× 太鬆　棒針交接處織得太過鬆散，錯誤的實例。

以輪針編織時

1 輪針加上1枝相同針號的棒針，進行手指掛線起針（參照P.25）。

2 製作必要針數後抽去棒針，完成手指掛線起針。此起針針目計入第1段。

3 分別手持輪針兩端，開始編織第2段。注意，接合成圈的第1針要織得緊密些，免得太鬆出現空隙。

4 第3段之後一圈圈地進行螺旋狀編織。

針數環

5 織段起點就在棒針上加掛針數環作為標示。編織下一段的第1針前，先將針數環移至右棒針再開始編織。

● 一針鬆緊編的起針

具有伸縮彈性，且一針鬆緊編還能形成美麗羅紋緣編的起針針目。
取別線鉤織鎖針，再挑鎖針裡山製作起針針目。編織後再拆除別線即可。

右端下針2針・左端下針1針時

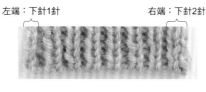

左端：下針1針　　　　右端：下針2針

實際編織圖

邊端針目，加上在
第1段的沉降弧挑針，
一起織2併針。

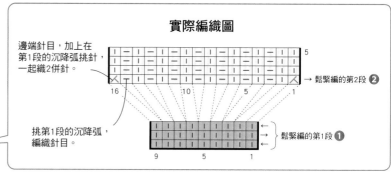

→ 鬆緊編的第2段 ❷

挑第1段的沉降弧，
編織針目。

→ 鬆緊編的第1段 ❶

織圖

16　　　10　　　5　　　1

5

1

❶ 鬆緊編的第1段

> 第1段的挑針數
> ＝
> 必要針數÷2＋1
> （16針÷2＋1＝9針）

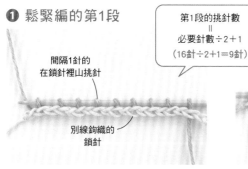

間隔1針的
在鎖針裡山挑針

別線鉤織的
鎖針

1 取別線鬆鬆地鉤織多出必要針數約5針
的鎖針，棒針穿入鎖針裡山，以間隔1
針的方式挑針（參照P.27）。

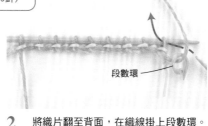

段數環

2 將織片翻至背面，在織線掛上段數環。
接著織1段上針。

3 完成1段上針的樣子。

❷ 鬆緊編的第2段

4 織片翻回正面，織1段下針。完成3段
平面編。此3段成為鬆緊編的第1段。

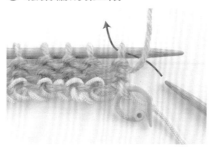

1 織片翻至背面。右棒針依箭頭指示穿入
第1針，不編織，直接將針目移至右針
上。

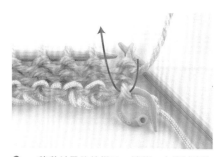

2 移動針目後的樣子。接著，右棒針穿入
並挑起掛著段數環的線圈。

3 左棒針依箭頭指示穿入右棒針上的2
針。

4 右棒針掛線，2針一起織上針。

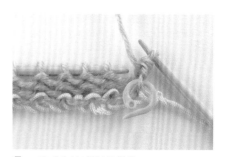

5 完成上針2併針的樣子。

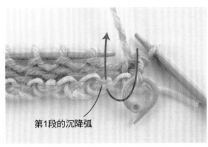

第1段的沉降弧

6 右棒針由下往上挑起第1段的沉降弧（針目下方的橫向織線，參照P.14）。

挑起第1段的沉降弧

7 挑起第1段的沉降弧，織下針。
※難以直接編織時，先將挑起的第1段沉降弧移至左棒針，再進行編織。

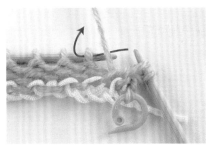

8 完成下針的樣子。右棒針接著依箭頭指示穿入左棒針上的針目，織上針。

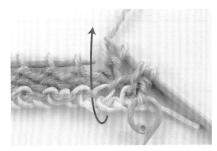

9 挑起下一個沉降弧，織下針。

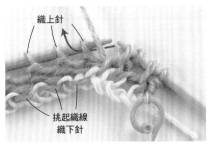

織上針

挑起織線
織下針

10 重複步驟8、9，輪流編織掛在左棒針針目的上針，挑第1段沉降弧的下針。

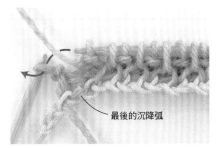

最後的沉降弧

11 編織最後的沉降弧之前，掛在左棒針上的最後1針不編織，直接移至右棒針上。

12 如圖示以左棒針挑起最後的沉降弧。

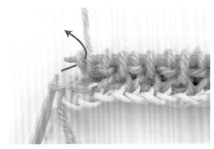

13 將步驟11移至右棒針的最後1針，移回左棒針。

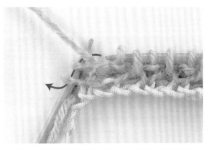

14 依箭頭指示入針，左棒針上的2針一起織上針。

15 完成一針鬆緊編的起針。至此已完成第2段的編織。

16 織片翻回正面。第3段以後依織圖進行一針鬆緊編。

17 繼續編織至指定段數為止。大約編織5段後，即可拆除別線鎖針、取下段數環。
※即使拆除別線，鬆緊編織片也不會因此散開。

右端下針1針・左端下針2針時

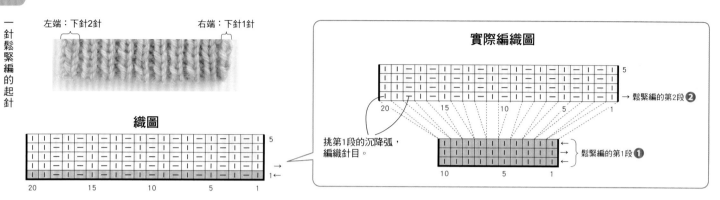

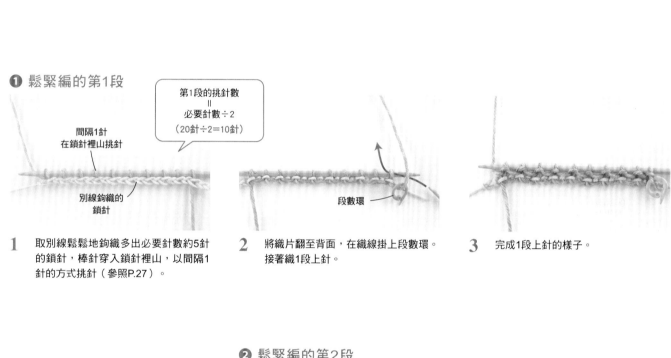

❶ 鬆緊編的第1段

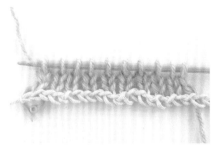

> 第1段的挑針數
> ＝
> 必要針數÷2
> （20針÷2＝10針）

1 取別線鬆鬆地鉤織多出必要針數約5針的鎖針，棒針穿入鎖針裡山，以間隔1針的方式挑針（參照P.27）。

2 將織片翻至背面，在織線掛上段數環。接著織1段上針。

3 完成1段上針的樣子。

❷ 鬆緊編的第2段

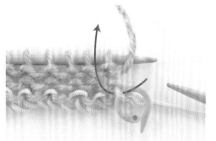

4 織片翻回正面，織1段下針。完成3段平面編。此3段成為鬆緊編的第1段。

1 織片翻至背面。右棒針依箭頭指示穿入並挑起掛著段數環的線圈。

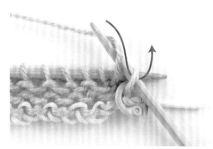

2 將挑起的線圈移至左棒針上，織上針。

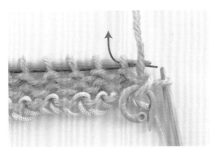

3 完成上針的樣子。繼續挑左棒針上的針目織上針。

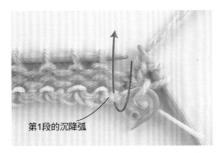

第1段的沉降弧

4 右棒針由下往上挑起第1段的沉降弧（針目下方的橫向織線，參照P.14）。

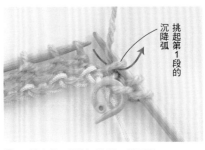

挑起第1段的沉降弧

5 挑起第1段的沉降弧，織下針。
※難以直接編織時，先將挑起的第1段沉降弧移至左棒針，再進行編織。

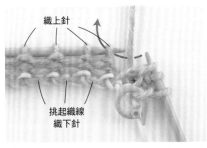

織上針

挑起織線織下針

6 重複步驟3～5，輪流編織掛在左棒針針目的上針，挑第1段沉降弧的下針。

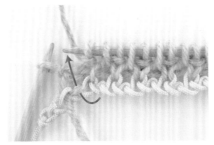

7 以相同方式挑起最後的沉降弧，織下針。

8 掛在左棒針上的最後1針，同樣是織上針。

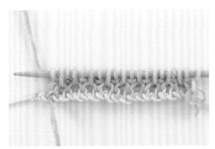

9 完成一針鬆緊編的起針。至此已完成第2段的編織。

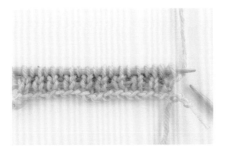

10 織片翻回正面。第3段以後依織圖進行一針鬆緊編。

11 繼續編織至指定段數為止。大約編織5段後，即可拆除別線鎖針、取下段數環。
※即使拆除別線，鬆緊編織片也不會因此散開。

兩端皆為下針1針時

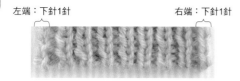

左端：下針1針　　　　　右端：下針1針

織圖

17　15　　　10　　　5　　　1

實際編織圖

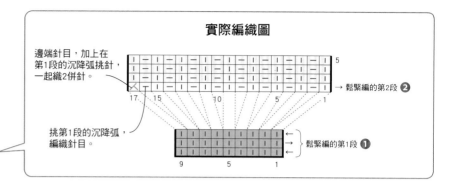

邊端針目，加上在第1段的沉降弧挑針，一起織2併針。

17　15　　　10　　　5　　　1

→鬆緊編的第2段 ❷

挑第1段的沉降弧，編織針目。

9　　　5　　　1

→鬆緊編的第1段 ❶

---

❶ 鬆緊編的第1段

第1段的挑針數
＝
（必要針數＋1）÷2
［（17針＋1）÷2＝9針］

間隔1針的在鎖針裡山挑針

別線鉤織的鎖針

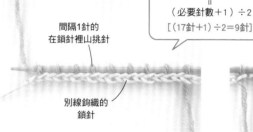

1 取別線鬆鬆地鉤織多出必要針數約5針的鎖針，棒針穿入鎖針裡山，以間隔1針的方式挑針（參照P.27）。

段數環

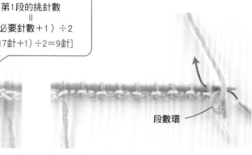

2 將織片翻至背面，在織線掛上段數環。接著織1段上針。

3 完成1段上針的樣子。

---

❷ 鬆緊編的第2段

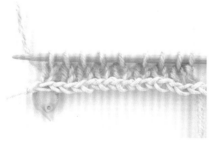

4 織片翻回正面，織1段下針。完成3段平面編。此3段成為鬆緊編的第1段。

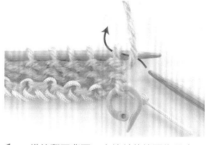

1 織片翻至背面。右棒針依箭頭指示穿入第1針，不編織，直接將針目移至右針上。

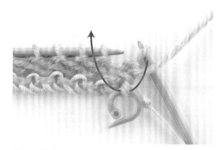

2 移動針目後的樣子。接著，右棒針穿入並挑起掛著段數環的線圈。

3 左棒針依箭頭指示穿入右棒針上的2針。

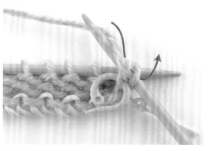

4 右棒針掛線，2針一起織上針。

第1段的沉降弧

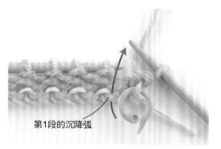

5 完成上針2併針的樣子。右棒針由下往上挑起第1段的沉降弧（針目下方的橫向織線，參照P.14）。

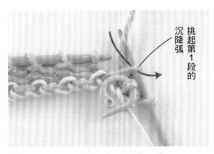

6 挑起第1段的沉降弧，織下針。
※難以直接編織時，先將挑起的第1段沉降弧移至左棒針，再進行編織。

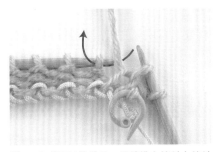

7 完成下針的樣子。繼續挑左棒針上的針目織上針。

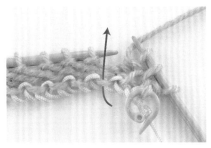

8 繼續挑起第1段的沉降弧，織下針。

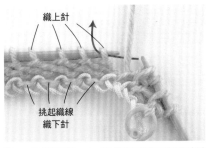

織上針

挑起織線織下針

9 重複步驟7～8，輪流編織掛在左棒針針目的上針，挑第1段沉降弧的下針。

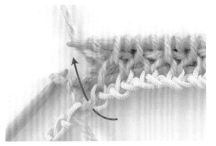

10 同步驟8挑起最後的沉降弧，織下針。

11 同步驟7，將掛在左棒針上的最後1針織上針。

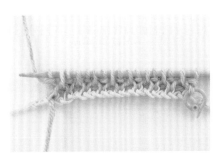

12 完成一針鬆緊編的起針。至此已完成第2段的編織。

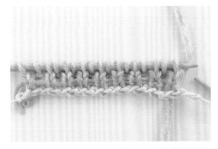

13 織片翻回正面。第3段以後依織圖進行一針鬆緊編。

14 繼續編織至指定段數為止。大約編織5段後，即可拆除別線鎖針、取下段數環。
※即使拆除別線，鬆緊編織片也不會因此散開。

兩端皆為下針2針時

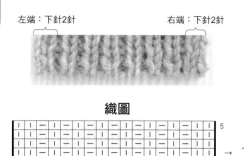

左端：下針2針　　　　　右端：下針2針

織圖

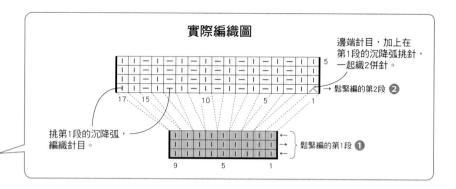

實際編織圖

邊端針目，加上在第1段的沉降弧挑針，一起織2併針。
→ 鬆緊編的第2段 ❷
挑第1段的沉降弧，編織針目。
→ 鬆緊編的第1段 ❶

---

❶ 鬆緊編的第1段

第1段的挑針數
＝
（必要針數＋1）÷2
[（17針＋1）÷2＝9針]

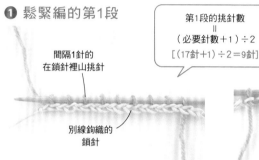

間隔1針的在鎖針裡山挑針
別線鉤織的鎖針
段數環

1 取別線鬆鬆地鉤織多出必要針數約5針的鎖針，棒針穿入鎖針裡山，以間隔1針的方式挑針（參照P.27）。

2 將織片翻至背面，在織線掛上段數環。接著織1段上針。

3 完成1段上針的樣子。

---

❷ 鬆緊編的第2段

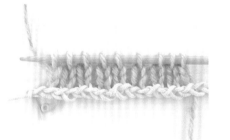

4 織片翻回正面，織1段下針。完成3段平面編。此3段成為鬆緊編的第1段。

1 織片翻至背面。右棒針依箭頭指示穿入並挑起掛著段數環的線圈。

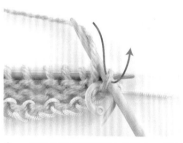

2 將挑起的線圈移至左棒針上，織上針。

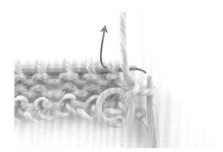

3 完成上針的樣子。繼續挑左棒針上的針目織上針。

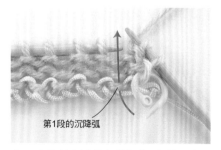

第1段的沉降弧

4 右棒針由下往上挑起第1段的沉降弧（針目下方的橫向織線，參照P.14），織下針。

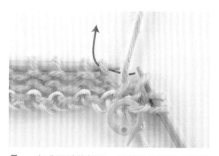

5 完成下針的樣子。繼續挑左棒針上的針目織上針。

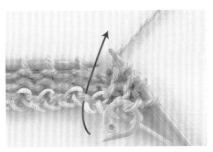

6　繼續挑起第1段的沉降弧，織下針。

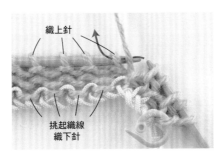

織上針

挑起織線
織下針

7　重複步驟5～6，輪流編織掛在左棒針針目的上針，挑第1段沉降弧的下針。

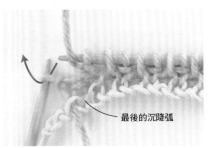

最後的沉降弧

8　編織最後的沉降弧之前，掛在左棒針上的最後1針不編織，直接移至右棒針上。

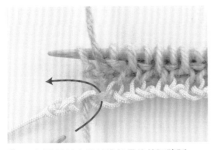

9　如圖示以左棒針挑起最後的沉降弧。

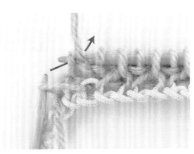

10　將步驟8移至右棒針的最後1針，移回左棒針。

11　左棒針上的2針一起織上針。

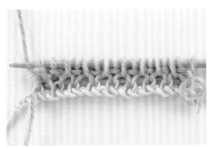

12　完成一針鬆緊編的起針。至此已完成第2段的編織。

13　織片翻回正面。第3段以後依織圖進行一針鬆緊編。

14　繼續編織至指定段數為止。大約編織5段後，即可拆除別線鎖針、取下段數環。
※即使拆除別線，鬆緊編織片也不會因此散開。

● 二針鬆緊編的起針

具有伸縮彈性，且二針鬆緊編還能形成美麗羅紋緣編的起針針目。
取別線鉤織鎖針，再挑鎖針裡山製作起針針目。編織後再拆除別線即可。

兩端皆為下針2針時

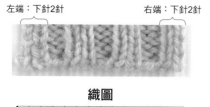

左端：下針2針　　　　右端：下針2針

實際編織圖

棒針上的針目，
加上在第1段的
沉降弧挑針，一
起織2併針。

挑第1段的沉降弧，
編織針目。

→ 鬆緊編的第2段 **②**

14　　　10　　　　5　　　1

→ 鬆緊編的第1段 **①**

8　　　5　　　1

織圖

14　　　10　　　5　　　1

---

① 鬆緊編的第1段

第1段的挑針數
＝
（必要針數＋2）÷2
[（14針＋2）÷2＝8針]

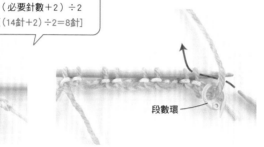

跳過2針鎖針
裡山（▲）　　連續挑2針
　　　　　　鎖針裡山（△）

別線鉤織的
鎖針

1 取別線鬆鬆地鉤織多出必要針數約5針
的鎖針，棒針穿入鎖針裡山，依圖示重
複△‧▲挑針（參照P.27）。

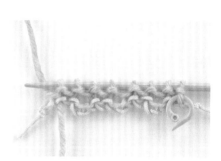

段數環

2 將織片翻至背面，在織線掛上段數環。
接著織1段上針。

3 完成1段上針的樣子。

---

② 鬆緊編的第2段

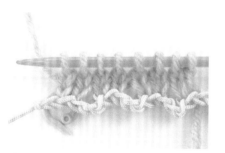

4 織片翻回正面，織1段下針。完成3段
平面編。此3段成為鬆緊編的第1段。

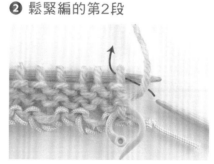

1 織片翻至背面。右棒針依箭頭指示穿入
第1針，不編織，直接移至右針上。

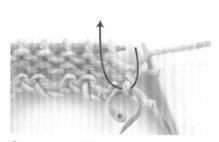

2 移動針目後的樣子。接著，右棒針穿入
並挑起掛著段數環的線圈。

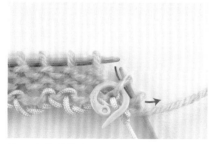

3 左棒針依箭頭指示穿入右棒針上的2
針。

4 右棒針掛線，2針一起織上針。

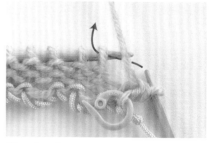

5 完成上針2併針的樣子。右棒針依箭頭
指示穿入下1針，不編織，直接將針目
移至右針上。

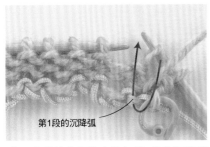

第1段的沉降弧

6 右棒針由下往上挑起第1段的沉降弧（針目下方的橫向織線．參照P.14）。

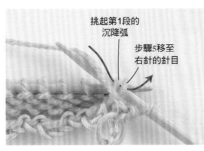

挑起第1段的沉降弧

步驟5移至右針的針目

7 挑起的沉降弧與步驟5移至右棒針的針目，一起移至左棒針後，2針一起織上針的2併針。

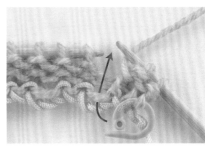

8 挑起下一個沉降弧，織下針。

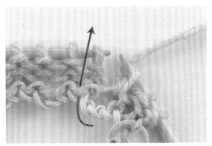

9 繼續挑起下一個沉降弧，同樣織下針。

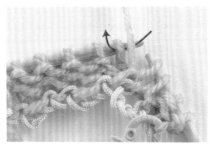

10 繼續挑左棒針上的針目織上針。

11 下1針同樣織上針。

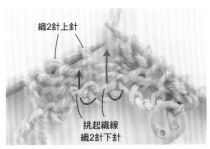

織2針上針

挑起織線織2針下針

12 重複步驟8～11，輪流編織2針挑第1段沉降弧的下針，與2針左棒針針目編織的上針。

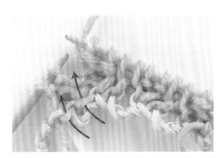

13 以相同方式挑起最後2個沉降弧，織下針。

14 掛在左棒針上的最後2針，同樣是織上針。

15 完成二針鬆緊編的起針。至此已完成第2段的編織。

16 織片翻回正面。第3段以後依織圖進行二針鬆緊編。

17 繼續編織至指定段數為止。大約編織5段後，即可拆除別線鎖針、取下段數環。
※即使拆除別線，鬆緊編織片也不會因此散開。

右端下針2針・左端下針3針時

左端：下針3針　　　　右端：下針2針

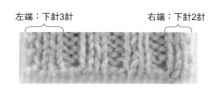

織圖

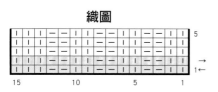

15　　　10　　　5　　　1

實際編織圖

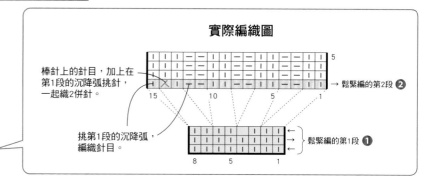

棒針上的針目，加上在第1段的沉降弧挑針，一起織2併針。

15　　　10　　　5　　　1

→鬆緊編的第2段 ❷

挑第1段的沉降弧，編織針目。

8　　　5　　　1

←鬆緊編的第1段 ❶

針

❶ 鬆緊編的第1段

> 第1段的挑針數
> ＝
> （必要針數＋1）÷2
> ［（15針＋1÷2＝8針］

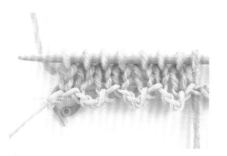

跳過2針鎖針裡山（▲）

連續挑2針鎖針裡山（△）

別線鉤織的鎖針

1　取別線鬆鬆地鉤織多出必要針數約5針的鎖針，棒針穿入鎖針裡山挑出編織線，依圖示重複△・▲挑針（參照P.27）。

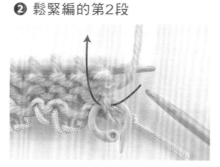

段數環

2　將織片翻至背面，在織線掛上段數環。接著織1段上針。

3　完成1段上針的樣子。

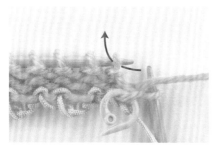

4　織片翻回正面，織1段下針。完成3段平面編。此3段成為鬆緊編的第1段。

❷ 鬆緊編的第2段

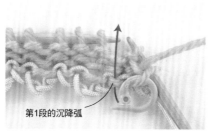

1　織片翻至背面。右棒針穿入並挑起掛著段數環的線圈。

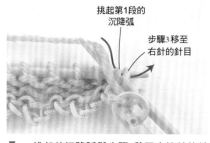

2　挑起線圈後移至左棒針上，織上針。

3　右棒針依箭頭指示穿入第1針，不編織，直接移至右針上。

第1段的沉降弧

4　右棒針由下往上挑起第1段的沉降弧（針目下方的橫向織線・參照P.14）。

挑起第1段的沉降弧

步驟3移至右針的針目

5　挑起的沉降弧與步驟3移至右棒針的針目，一起移至左棒針後，2針一起織上針的2併針。

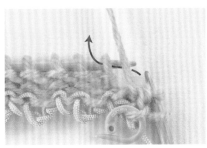

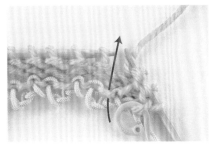

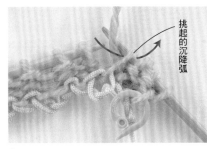

6 完成上針2併針的樣子。下一針繼續挑左棒針上的針目織上針。

7 右棒針由下往上挑起下一個沉降弧。

8 挑起沉降弧後織下針。
※難以直接編織時，先將挑起的第1段沉降弧移至左棒針，再進行編織。

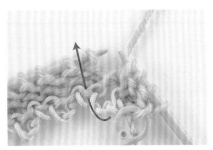

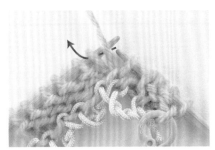

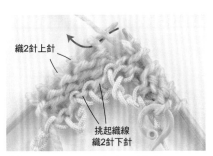

9 繼續挑起下一個沉降弧，同樣織下針。

10 下1針是挑左棒針上的針目織上針。

11 下1針同樣織上針。重複步驟7～11，輪流編織2針挑第1段沉降弧的下針，與2針左棒針針目編織的上針。

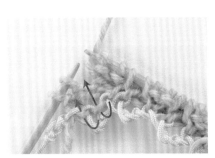

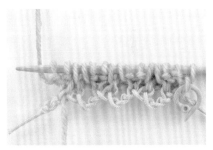

12 以相同方式挑起最後2個沉降弧，織下針。

13 掛在左棒針上的最後2針，同樣是織上針。

14 完成二針鬆緊編的起針。至此已完成第2段的編織。

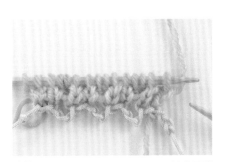

15 織片翻回正面。第3段以後依織圖進行二針鬆緊編。

16 繼續編織至指定段數為止。大約編織5段後，即可拆除別線鎖針、取下段數環。
※即使拆除別線，鬆緊編織片也不會因此散開。

右端下針3針・左端下針2針時

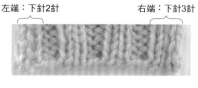

左端：下針2針　　　　右端：下針3針

織圖

15　　　　10　　　　　5　　　　1

實際編織圖

棒針上的針目，加上在第1段的沉降弧挑針，一起織2併針。

15　　　10　　　　5　　　1
→鬆緊編的第2段 ❷

挑第1段的沉降弧，編織針目。

9　　　5　　　1
鬆緊編的第1段 ❶

---

❶ 鬆緊編的第1段

第1段的挑針數
＝
（必要針數＋3）÷2
[（15針＋3）÷2＝9針]

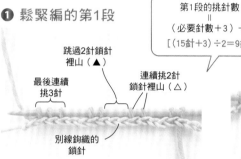

最後連續挑3針
跳過2針鎖針裡山（▲）
連續挑2針鎖針裡山（△）
別線鉤織的鎖針

1 取別線鬆鬆地鉤織多出必要針數約5針的鎖針，棒針穿入鎖針裡山挑出編織線，依圖示重複△・▲挑針（參照P.27）。

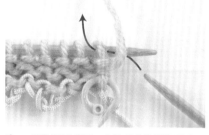

段數環

2 將織片翻至背面，在織線掛上段數環。接著織1段上針。

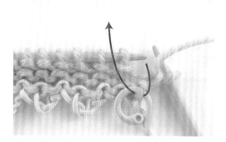

3 完成1段上針的樣子。

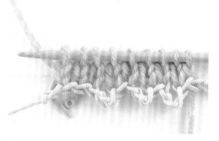

4 織片翻回正面，織1段下針。完成3段平面編。此3段成為鬆緊編的第1段。

❷ 鬆緊編的第2段

1 織片翻至背面。右棒針依箭頭指示穿入第1針，不編織，直接移至右針上。

2 移動針目後的樣子。接著，右棒針穿入並挑起掛著段數環的線圈。

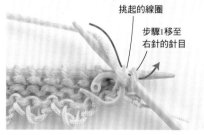

挑起的線圈
步驟1移至右針的針目

3 挑起的線圈與步驟1移至右棒針的針目，一起移至左棒針後，2針一起織上針的2併針。

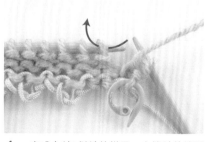

4 完成上針2併針的樣子。右棒針依箭頭指示穿入下1針，不編織，直接將針目移至右針上。

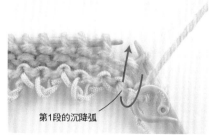

第1段的沉降弧

5 右棒針由下往上挑起第1段的沉降弧（針目下方的橫向織線・參照P.14）。

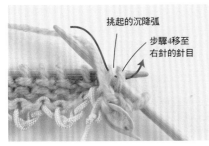

挑起的沉降弧

步驟4移至
右針的針目

6 挑起的沉降弧與步驟4移至右棒針的針目，一起移至左棒針後，2針一起織上針的2併針。

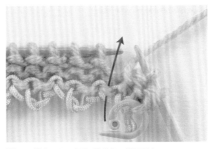

7 挑起下一個沉降弧，織下針。

8 繼續挑起下一個沉降弧，同樣織下針。

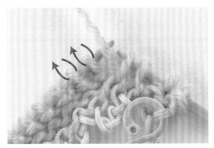

9 右棒針穿入左棒針上的針目，連續織2針上針。

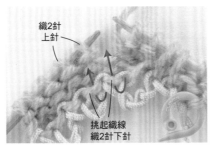

織2針
上針

挑起織線
織2針下針

10 重複步驟7～9，輪流編織2針挑第1段沉降弧的下針，與2針左棒針針目編織的上針。

11 編織最後的沉降弧之前，掛在左棒針上的最後1針不編織，直接移至右棒針上。

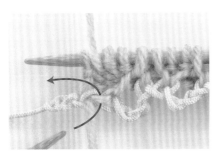

12 如圖示以左棒針挑起最後的沉降弧。

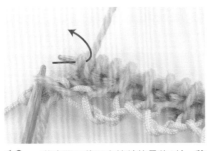

13 將步驟11移至右棒針的最後1針，移回左棒針。

14 依箭頭指示入針，左棒針上的2針一起織上針。

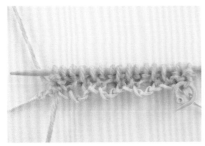

15 完成二針鬆緊編的起針。至此已完成第2段的編織。

16 織片翻回正面。第3段以後依織圖進行二針鬆緊編。

17 繼續編織至指定段數為止。大約編織5段後，即可拆除別線鎖針、取下段數環。
※即使拆除別線，鬆緊編織片也不會因此散開。

減針

編織時減少針數的織法稱為「減針」。

請依減針針數與作品設計來使用適合的減針法。

減1針

● 邊端減針　將織片邊端2針織2併針，減為1針的方法。減針針目並不顯眼。

織下針時

織圖

❷　　　　　　　　　　　　　　　　　❶

❶ 右側

1 依箭頭指示入針，第1針不編織，直接移至右棒針。

2 第2針織下針。

3 完成第2針的模樣。左棒針依箭頭指示穿入移至右棒針的第1針。

4 左棒針依箭頭指示挑起第1針，套在織好的第2針上後，滑出針目。

5 完成右側減1針的模樣。

❷ 左側

1 右棒針依箭頭指示一次穿入左棒針上的最後2針。

2 2針一起織下針。

3 完成左側減1針的模樣。

織上針時

織圖

❷ ｜ ｜ ❶

---

❶ 右側

1 右棒針依箭頭指示穿入針目1，不編織，直接移至右棒針。

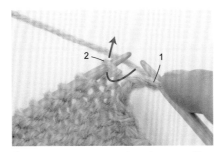

2 右棒針依箭頭指示穿入針目2，同樣不編織，直接移至右棒針。

3 左棒針依箭頭指示入針，將先前的2針移回左針上。

4 針目1與針目2位置交換。右棒針依箭頭指示，一次穿入移回左針的2針目。

5 2針一起織上針。

6 完成右側減1針的模樣。

---

❷ 左側

1 右棒針依箭頭指示一次穿入左棒針上的最後2針。

2 2針一起織上針。

3 完成左側減1針的模樣。

● 邊端針目內側減針

將邊端針目內側的2針織2併針，減為1針的方法。連續的減針處會呈現出宛如設計效果的明顯線條，此外，保留邊端針目也更方便進行綴縫或挑針編織。

織下針時

織圖

❶ 右側

1 第1針織下針。右針依箭頭指示穿入針目2，不編織，直接移至右針上。

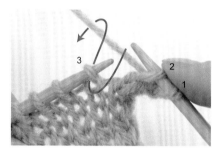

2 第3針織下針。

3 完成第3針。左棒針依箭頭指示穿入移至右針的針目2。

4 左棒針依箭頭指示挑起針目2，套在織好的針目3上後，滑出針目。

5 完成右側的邊端針目內側減1針。

❷ 左側

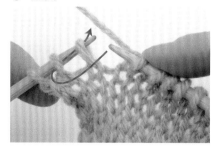

1 右棒針依箭頭指示，一次穿入左側邊端的倒數第2針與第3針。

2 2針一起織下針。

3 完成左側的邊端針目內側減1針。。

織上針時

織圖

❷ 　　　　　　　　　　　❶

❶ 右側

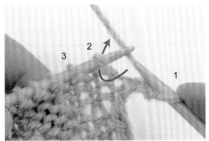

1 第1針織上針。右棒針依箭頭指示穿入針目2，不編織，直接移至右針上。

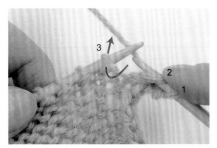

2 右棒針依箭頭指示穿入針目3，同樣不編織，直接移至右針上。

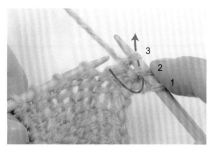

3 左棒針依箭頭指示入針，將先前2針移回左針上。

4 針目2與針目3位置交換。右棒針依箭頭指示，一次穿入移回左針的2針目。

5 2針一起織上針。

6 完成右側的邊端針目內側減1針。

❷ 左側

1 右棒針依箭頭指示，一次穿入左側邊端的倒數第2針與第3針。

2 2針一起織上針。

3 完成左側的邊端針目內側減1針。

● **分散減針**　需要在1段內減去複數針目時，平均分散減針位置，於編織途中織2併針的減針法。

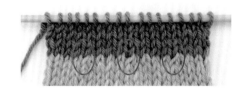

織圖

1 編織至減針處，右棒針依箭頭指示一次穿入2針目，織下針。

2 完成左上2併針。將2針減為1針的模樣。

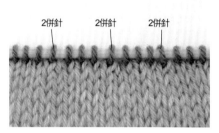

3 在1段內減針3次的模樣。

決定減針位置的方法

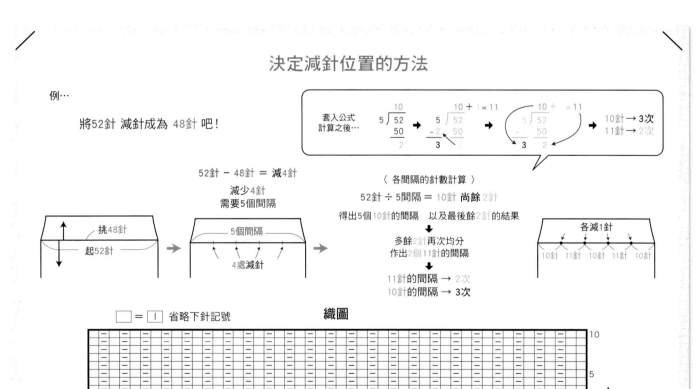

例…

將52針 減針成為 48針 吧！

套入公式計算之後…

10
5 ⟌ 52
　　50
　　　2

→　10 + = 11
　5 ⟌ 52
　－ 2
　　　3

→　10 + = 11
　5 ⟌ 52
　－ 50
　　　2

→　10針 → **3次**
　　11針 → 2次

52針 － 48針 ＝ 減4針

減少4針
需要5個間隔

挑48針
起52針

5個間隔

4處減針

〈 各間隔的針數計算 〉

52針 ÷ 5間隔 ＝ 10針 尚餘 2針

得出5個10針的間隔　以及最後餘2針的結果

↓

多餘2針再次均分
作出2個11針的間隔

↓

11針的間隔 → 2次
10針的間隔 → 3次

各減1針

10針 11針 10針 11針 10針

□ ＝ I 省略下針記號　　**織圖**

10針 — 11針 — 10針 — 11針 — 10針

2 針以上的減針

● 套收針減針

以「套收針」技巧編織針目的減針法。
只有連接織線的織段編織起點可以織套收針，
因此織片左右的減針位置會相差1段。

織圖

❶ 右側
（看著織片正面的編織段減針）

1 織2針下針。

2 左棒針依箭頭指示挑起第1針，套在第2針上後，滑出針目。

3 完成減1針的模樣。下1針繼續織下針。

4 左棒針依箭頭指示挑起前1針，套在剛織好的針目上。同樣重複「將前1針套在剛織好的針目上」。

5 右側減3針的模樣。掛在右棒針上的針目為第4針。

❷ 左側
（看著織片背面的編織段減針）

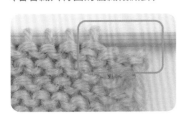

1 織2針上針。

2 左棒針依箭頭指示挑起第1針，套在第2針上後，滑出針目。

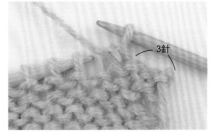

3 完成減1針的模樣。下1針繼續織上針。

4 左棒針依箭頭指示挑起前1針，套在剛織好的針目上。同樣重複「將前1針套在剛織好的針目上」。

5 左側減3針的模樣。掛在右棒針上的針目為第4針。

避免套收針減針時形成缺角的織法

袖襱等需要多次進行套收針減針的部分，第2次開始，以第1針不編織的方法織套收針，就能夠完成圓滑漂亮的曲線。

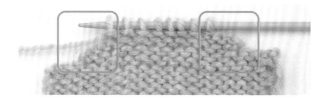

織圖

❶ 右側（看著織片正面的編織段減針）

1 右棒針依箭頭指示穿入第1針，不編織，直接移至右針上。

2 第2針織下針。

3 左棒針依箭頭指示挑起先前移動的第1針，套在第2針上後，滑出針目。

4 完成減1針的模樣。下1針繼續織下針。

5 左棒針依箭頭指示挑起前1針，套在剛織好的針目上。同樣重複「將前1針套在剛織好的針目上」。

6 右側減3針的模樣。

❷ 左側（看著織片背面的編織段減針）

1 右棒針依箭頭指示穿入第1針，不編織，直接移至右針上。

2 第2針織上針。

3 左棒針依箭頭指示挑起第1針，套在第2針上後，滑出針目。

4 完成減1針的模樣。下1針繼續織
上針。

5 左棒針依箭頭指示穿入前1針，套
在剛織好的針目上。同樣重複「將
前1針套在剛織好的針目上」。

6 左側減3針的模樣。

● V 領中央減針

在V領正中央織中上3併針。
在相同位置重複減針，
完成的織片就會呈現V字形。

織圖

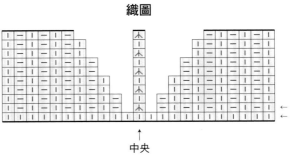

↑
中央

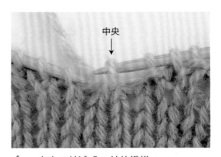

1 右棒針依箭頭指示穿入針目2、針目1，
不編織，直接移至右針上。

2 第3針織下針。

3 左棒針依箭頭指示挑起移至右針的第1
與第2針，套在第3針上之後，滑出針
目。

4 中央3針減成1針的模樣。

領口的減針法

編織領口時,是在中央織套收針,再分別編織左右兩側。

以編織衣身的織線接續編織其中一側至肩線,再接線編織另一側。

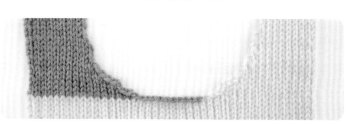

※為了更加清晰易懂,接線編織部分改
　以不同色線示範。

右肩　　　　　　　　　　　　　　　　　　左肩

織圖

□ = □ 省略下針記號

中央的套收針

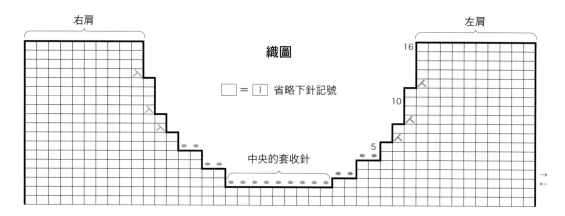

編織左肩

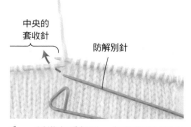

中央的
套收針

防解別針

1 編織左肩部分,中央套收針及之
後的針目以防解別針等穿入固
定,暫休針。

2 進行左肩部分的往復編。

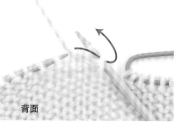

背面

3 織片翻至背面,最初的2針織上針
的套收針進行減針。

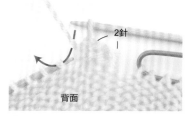

2針

背面

4 減2針的模樣。接著織1段上針。

背面

5 織完1段上針的模樣。接著將織片
翻回正面。

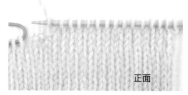

正面

6 織片翻回正面後,完成1段下針的
模樣。

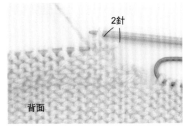

7 織片再次翻至背面。最初2針織套收針進行減針。

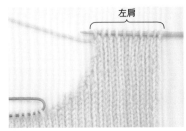

8 依織圖進行左肩部分的往復編。最終段以防解別針穿入，暫休針。

編織右肩

9 將步驟1暫休針的針目移回棒針，開始編織中央的套收針。如圖示接線後，織2針下針。

10 左棒針依箭頭指示挑起第1針，套在第2針上後，滑出針目。

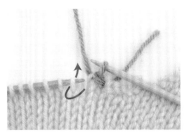

11 完成1針套收針。下1針起重複「將前1針套在剛織好的針目上」。

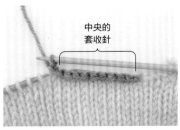

12 完成9針套收針的模樣。掛在棒針上的針目即為下一段的第1針。

13 接著編織右肩，餘下針目皆織下針。織片翻至背面編織1段。

14 織片再次翻回正面。最初的2針織套收針進行減針。

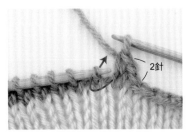

15 減2針的模樣。接著織一段下針。

16 依織圖進行右肩的往復編。

加針

編織時增加針數的織法稱為「加針」。
請依加針數與作品設計的需求來運用加針技巧。

加 1 針

● 鉤出前段針目加針

在邊端針目內側進行「右加針」或「左加針」的方法。加針織段過於集中時，織片容易緊繃不平整，不適合使用此加針法。

織下針時

織圖

❶ 右側

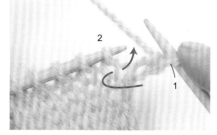

1 針目1織下針。右棒針依箭頭指示穿入針目2的前段針目。

2 右棒針挑起針目織線，接著如圖掛線。

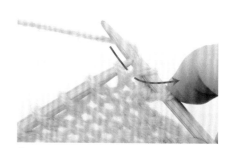

3 織下針。

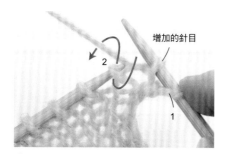

4 完成 1 針下針。右棒針接著穿入針目 2，織下針。

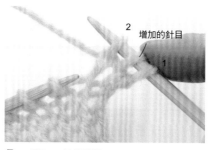

5 增加 1 針的模樣。

❷ 左側

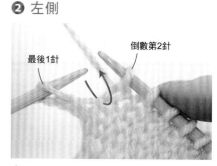

1 編織最後1針前，左棒針先依箭頭指示，穿入剛織好的倒數第2針的前2段針目。

2 左棒針挑起針目織線，右棒針依箭頭指示入針。

3 右棒針掛線鉤出，織下針。

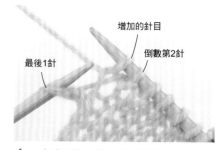

4 完成下針。增加 1 針的模樣。

織上針時

織圖

❶ 右側

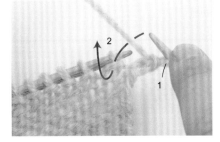

1 針目1織上針。右棒針依箭頭指示，穿入針目2的前段針目。

2 右棒針挑起針目後，如圖掛線。

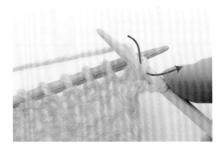

3 織上針。

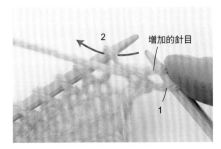

4 完成1針上針。右棒針接著依箭頭指示穿入針目2，織上針。

5 增加1針的模樣。

❷ 左側

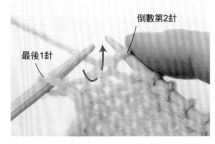

1 編織最後1針前，左棒針先依箭頭指示，穿入剛織好的倒數第2針的前2段針目。

2 左棒針挑起針目，右棒針依箭頭指示入針。

3 右棒針掛線鉤出，織上針。

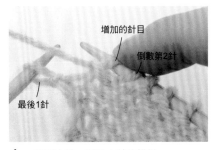

4 完成上針。增加1針的模樣。

● 扭轉前段橫向渡線加針

扭轉前段針目之間的渡線進行編織,以此加針的方式。織片左右兩端對稱加針時,左右針目的扭轉方式為反方向。

織下針時

織圖

❶ 右側

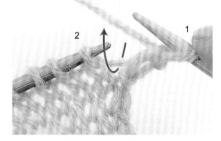

1 針目1織下針。右棒針依箭頭指示,挑起針目1與針目2之間的渡線。

2 左棒針依箭頭指示入針,將右棒針挑起的渡線移至左針上。

3 右棒針依箭頭指示入針,織下針。

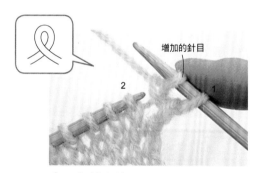

4 完成扭加針。

❷ 左側

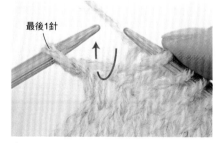

1 編織最後 1 針前,右棒針依箭頭指示,挑起針目之間的渡線。

2 左棒針依箭頭指示入針,將右棒針挑起的織線移至左針上。

3 右棒針依箭頭指示入針,織下針。

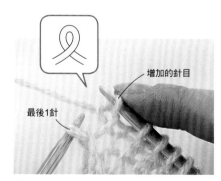

4 完成扭加針。

織上針時

織圖

❷ ⟵ | - | 오 | - | - | - | - | - | - | - | - | - | - | - | - | - | 오 | - | ❶

❶ **右側**

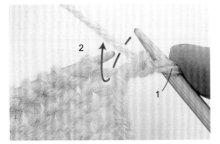

1　針目1織上針。右棒針依箭頭指示，挑起針目1與針目2之間的渡線。

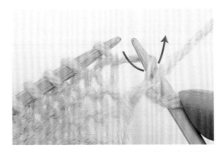

2　左棒針依箭頭指示入針，將右棒針挑起的針目移至左針上。

3　右棒針依箭頭指示入針。

4　右棒針掛線，織上針。

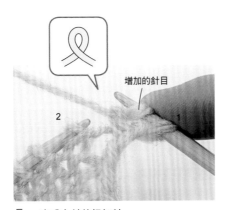

增加的針目

5　完成上針的扭加針。

❷ **左側**

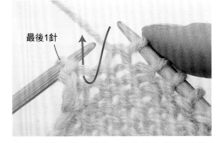

最後1針

1　編織最後 1 針前，右棒針先依箭頭指示挑起針目之間的渡線。

2　左棒針依箭頭指示入針，將右棒針挑起的織線移至左針上。

3　右棒針依箭頭指示入針。

4　右棒針掛線鉤出，織上針。

增加的針目

最後1針

5　完成上針的扭加針。

● 掛針與扭針加針

製作掛針增加針目，下一段再編織扭針填滿掛針空隙的方式。織片左右兩端對稱加針時，左右針目的扭轉方式為反方向。

織圖

下針編織段的掛針

❶ 右側

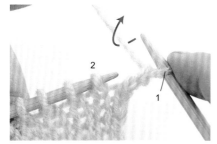

1 針目1織下針。右棒針依箭頭指示掛線，製作掛針。

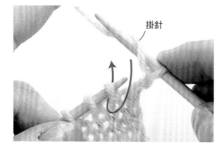

2 小心避免掛針滑脫，編織下1針。

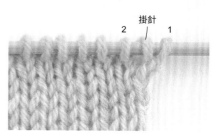

3 完成1段的模樣。在針目1與針目2之間作1掛針，增加針目。

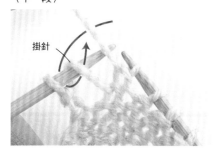

〈下一段〉

4 右棒針依箭頭指示穿入前段的掛針，織上針。

5 完成上針的扭針。

❷ 左側

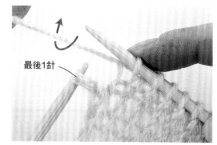

1 編織最後1針前，先作1掛針。掛線方式與右側相反，右棒針由內往外鉤線。

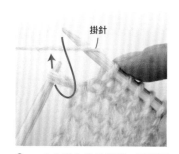

2 小心避免掛針滑脫，編織下1針。

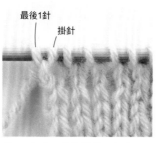

3 完成1段的模樣。在最後針目前製作1針掛針，增加針目。

〈下一段〉

4 右棒針依箭頭指示穿入前段的掛針，織上針。

5 完成上針的扭針。

上針編織段的掛針

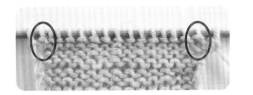

織圖

❷　　　　　　　　　　　　　　　　　　　❶

❶ 右側

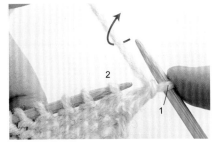

1　針目1織上針。右棒針依箭頭指示掛線，製作掛針。

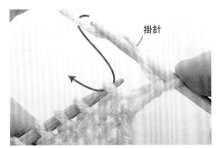

2　小心避免掛針滑脫，編織下1針。

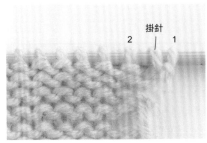

3　完成1段的模樣。在針目1與針目2之間作1掛針，增加針目。

〈下一段〉

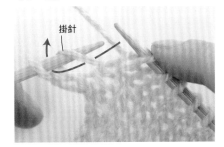

4　右棒針依箭頭指示穿入前段的掛針，織下針。

5　完成扭針。

❷ 左側

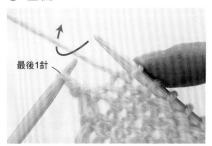

1　編織最後1針前，先作1掛針。掛線方式與右側相反，右棒針由內往外鉤線。

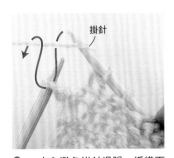

2　小心避免掛針滑脫，編織下1針。

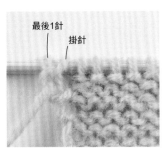

3　完成1段的模樣。在最後針目前製作1針掛針，增加針目。

〈下一段〉

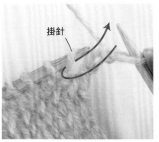

4　右棒針依箭頭指示穿入前段的掛針，織下針。

5　完成扭針。

● **分散加針**　需要在1段內增加複數針目時，平均分散加針位置，於編織途中織扭加針的加針法。

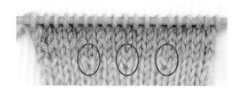

織圖

1 編織至加針處，右棒針依箭頭指示挑起針目之間的渡線。

2 左棒針依箭頭指示入針，將右棒針挑起的織線移至左針上。

3 右棒針依箭頭指示入針，織下針。

4 完成扭加針。

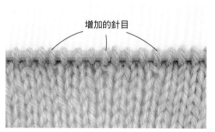

5 完成在1段之中加針3次的模樣。

決定加針位置的方法

例…

將 48針 加針成為 52針 吧！

套入公式之後計算…

$$5\overline{)\begin{matrix}48\\45\\\hline 3\end{matrix}}\;\;\rightarrow\;\;5\overline{)\begin{matrix}\overset{9}{48}\\-\;3\\\hline 2\end{matrix}}\;\;\rightarrow\;\;\overset{9\,+\,1\,=\,10}{5\overline{)\begin{matrix}48\\45\\\hline 3\end{matrix}}}\;\;\rightarrow\;\;\overset{9\,+\;=\,10}{\left(5\overline{)\begin{matrix}48\\45\\\hline 2\;\;\;3\end{matrix}}\right)}\;\;\rightarrow\;\;\begin{matrix}9針\rightarrow 2次\\10針\rightarrow 3次\end{matrix}$$

52針 − 48針 ＝ 加4針

加4針需要5個間隔

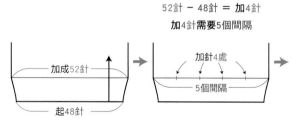

加成52針 ─ 起48針

加針4處 ─ 5個間隔

〈各間隔的針數計算〉

48針 ÷ 5間隔 ＝ 9針 尚餘 3針

得出5個9針的間隔 以及最後餘3針的結果

↓

多餘3針再次均分作出3個10針的間隔

↓

10針 的間隔 → 3次
9針 的間隔 → 2次

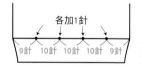

各加1針

9針　10針　10針　10針　9針

□ ＝ │ 省略下針記號　　**織圖**

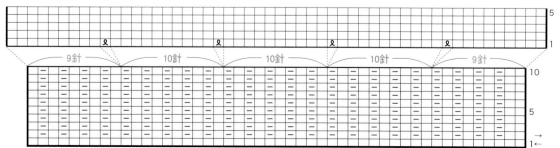

9針　10針　10針　10針　9針

2 針以上加針

● 捲加針

使用織線在棒針上繞線的加針法。
只有連接織線的織段編織終點可以織捲加針，
因此織片左右的加針位置會相差1段。

織圖

❶ 左側

（看著織片正面的編織段加針）

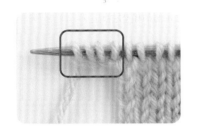

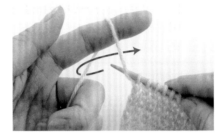

1 左手食指掛編織線，右棒針依箭頭指示掛線。

2 左手食指鬆開線圈，輕輕下拉收緊織線。

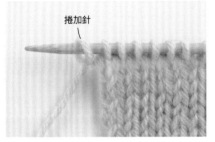

捲加針

3 織線捲繞在右針上，完成 1 針捲加針。

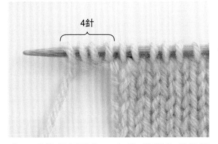

4針

4 重複相同動作，完成4針捲加針的模樣。

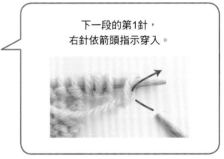

下一段的第1針，
右針依箭頭指示穿入。

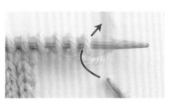

下一段的第1針，
右針依箭頭指示穿入。

❷ 右側

（看著織片背面的編織段加針）

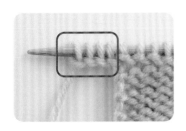

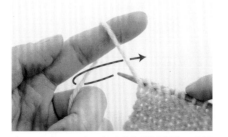

1 同左側作法，左手食指掛編織線，右針依箭頭指示掛線，再輕拉收緊針目。

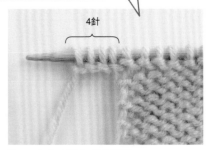

4針

2 完成4針捲加針的模樣。

引返編

尚未編至織片邊端即往回編織下一段，作出斜線或弧線的技巧。

POINT

編織「掛針」避免往回編織的部分出現空隙，
編織「滑針」減少往回編織而形成的高低段差。
編織「消段」的 2 併針，藉此回復織掛針而增加的針數，同時平整斜度。

● 邊織邊留針目的引返編

編織肩斜等情況時使用。編織時一邊在棒針留下必要針數，一邊減少編織針數。
左右兩側的保留針目段差會相差1段。

左下斜織的場合

（看著織片正面編織段的保留針目）

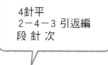

4針平
2－4－3 引返編
段 針 次

織圖

|oV| ＝掛針＋滑針
|人| ＝「消段」的2併針

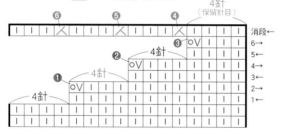

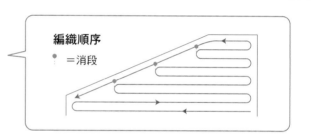

編織順序
● ＝消段

1 看著織片正面的編織段，織第 1 段。最後留 4 針不織。

2 織片翻至背面，織第2段。右棒針4針維持原狀，先作1掛針，再依前頭指示入針，織滑針（❶）。

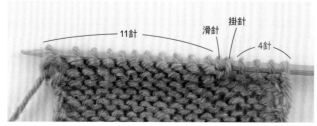

3 接下來的 11 針皆織上針。

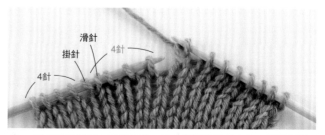

4 織片翻至正面，織第 3 段。包含前段的滑針在內，同樣再留 4 針不織。

5 織片翻至背面，織第4段。右棒針針目維持原狀，先作1掛針，再依箭頭指示入針，織滑針（**2**）。

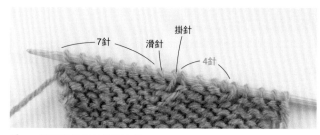

6 接下來的 7 針皆織上針。

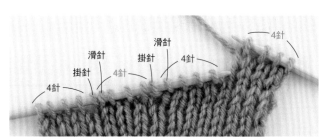

7 織片翻至正面，織第 5 段。包含前段的滑針在內，同樣再留 4 針不織。右棒針只剩 4 針。

8 織片翻至背面，織第6段。右棒針針目維持原狀，先作1掛針，再依箭頭指示入針，織滑針（**3**）。

9 接下來的 3 針皆織上針。

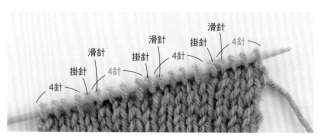

10 織片翻回正面的模樣。

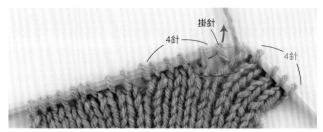

11 一邊編織此段一邊進行消段。編織4針後，右棒針依箭頭指示一次穿入前段掛針與下1針，織2併針進行「消段」（**4**）。

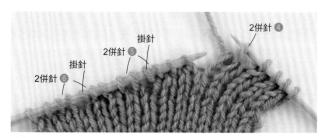

12 完成2併針的模樣。接下來的針目一邊織下針，一邊將其中的掛針與下1針織2併針，進行「消段」（**5**・**6**）。

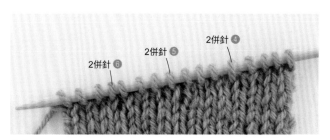

13 完成消段。織片呈左下斜織狀態。

14 織片背面的模樣。消段部分的掛針織 2 併針。

65

右下斜織的場合

（看著織片背面編織段的保留針目）

4針平
2－4－3 引返編
段 針 次

織圖

V_0 ＝掛針＋滑針

$\times$ ＝「消段」的2併針

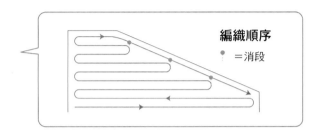

編織順序

● ＝消段

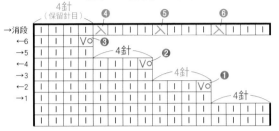

1 看著織片背面的編織段，織第1段。最後留4針不織。

2 織片翻至正面，織第2段。右棒針4針維持原狀，先作1掛針，再依箭頭指示入針，織滑針（●）。

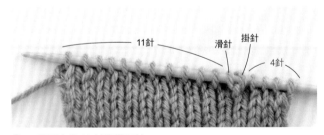

3 接下來的11針皆織下針。

4 織片翻至背面，織第3段。包含前段的滑針在內，同樣再留4針不織。

5 織片翻至正面，織第4段。右棒針針目維持原狀，先作1掛針，再依箭頭指示入針，織滑針（❷）。

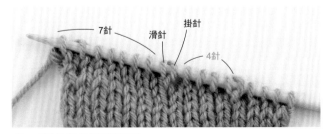

6 接下來的7針皆織下針。

7 織片翻至背面，織第5段。包含前段的滑針在內，同樣再留4針不織。右棒針只剩4針。

8 織片翻至正面，織第6段。右棒針針目維持原狀，先作1掛針，再依箭頭指示入針，織滑針（③）。

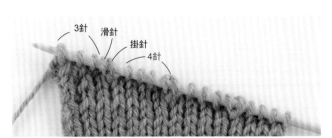

9 接下來的3針皆織下針。

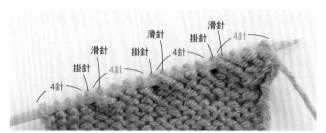

10 織片翻回背面的模樣。

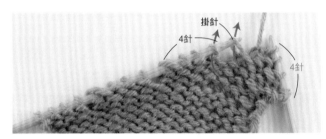

11 一邊編織此段一邊進行消段。編織4針後，將前段掛針與下1針交換位置，織2併針進行「消段」（④）。右棒針依箭頭指示依序穿入掛針與下1針，將針目移至右針上。

12 左棒針依箭頭指示一次穿入移動的2針，將針目移回左針上。

13 掛針與下1針交換位置的模樣。右針依箭頭指示穿入，織上針。

14 完成掛針與下1針的2併針。接下來的針目一邊織上針，一邊將其中的掛針與下1針交換位置織2併針，進行「消段」（⑤・⑥）。

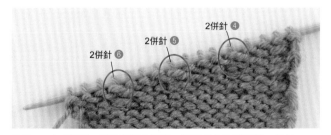

15 完成消段。織片背面的模樣，消段部分的掛針織2併針。

16 織片正面的模樣。織片呈右下斜織狀態。

● 邊織邊前進的引返編

編織圓弧形下襬或襪子腳跟等情況時使用。一邊進行編織，一邊從織片中央朝著外側編織必要針數的加針。左右兩側的加針段會相差1段。

織圖

$\boxed{oV}$・$\boxed{Vo}$ ＝掛針＋滑針　　$\boxed{\diagup}$・$\boxed{\diagdown}$ ＝「消段」的2併針

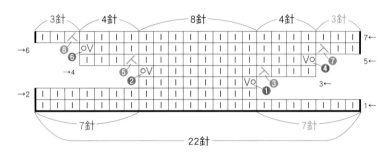

編織順序　　● ＝消段

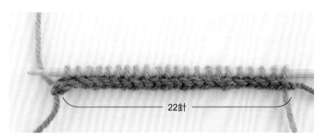

1 起針22針，完成第1段。

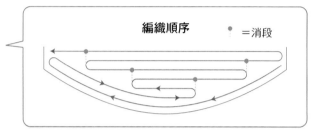

2 織片翻至背面，織第2段。織15針上針（7針＋8針），左針最後留7針不織。

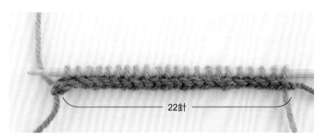

3 織片翻至正面，織第3段。右棒針7針維持原狀，先作1掛針，再依箭頭指示入針，織滑針（❶）。

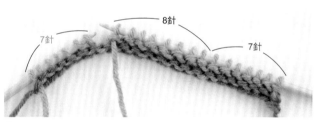

4 接著織7針下針，左棒針同樣留下7針不織。

5 織片翻至背面，織第4段。右棒針7針維持原狀，先作1掛針，再依箭頭指示入針，織滑針（❷）。接著織7針上針（至前段的掛針前為止）。

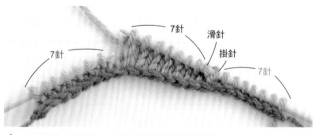

6 前段的掛針與下1針交換位置，織2併針進行「消段」（❸）。右棒針依箭頭指示依序穿入掛針與下1針，將針目移至右針上。

7 左棒針依箭頭指示一次穿入移動的 2 針，將針目移回左針上。

8 掛針與下 1 針交換位置的模樣。右針依箭頭指示穿入，織上針的 2 併針。

9 完成掛針與下 1 針的 2 併針。

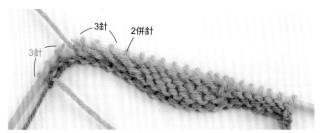

10 接著織3針上針，左棒針留3針不織。

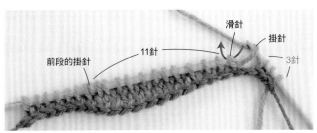

11 織片翻至正面，織第5段。右針3針維持原狀，先作1掛針，再依箭頭指示入針，織滑針（❹）。接著織11針下針（至前段的掛針前為止）。

12 右棒針依箭頭指示一次穿入前段的掛針與下1針，織2併針進行「消段」（❺）。

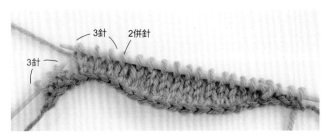

13 接著織 3 針下針，左棒針留 3 針不織。

14 織片翻至背面，織第6段。右棒針3針維持原狀，先作1掛針，再依箭頭指示入針，織滑針（❻）。

15 保留針目織上針。其間織法同步驟 **6～9**，將掛針與下 1 針交換位置織 2 併針，進行「消段」（❼）。

16 織片翻回正面，第 7 段所有針目（22 針）皆織下針。其間織法同步驟 **12**，將掛針與下 1 針交換位置織 2 併針，進行「消段」（❽）。

配色換線方法

以下將介紹編織時中途換線的方法。依照織品配色的段數、針數與模樣，有著各式各樣的織法，請選擇適合的方法吧！

條紋圖案的配色換線

編織寬條紋圖案時，請在織片邊端進行「兩線交叉的配色換線」或「全部剪線的配色換線」。編織細條紋圖案時，以「渡線換色」的方法換線，最後就不需要處理眾多線頭。

● 全部剪線的配色換線

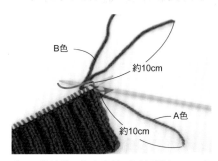

1 將編織至指定段的A色線剪斷，下一段改換B色線。兩色線分別預留約10cm的線長。

2 以B色線編織1針的模樣。織片邊端的兩線頭鬆鬆地打結固定，接著繼續以B色線編織。

3 完成織片後，直接將步驟2打結處的線頭分別穿入毛線針，再將縫針穿入同色織片背面的針目裡，完成收針藏線。

● 兩線交叉的配色換線

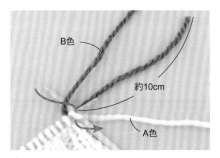

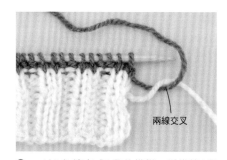

1 編織至指定段的A色線暫休針，以B色線編織下一段。B色線預留約10cm的線長。

2 以B色線編織1針的模樣。接著繼續以B色線織2段。

3 以B色線完成2段的模樣。編織第3段前，先依圖示交叉A、B色線，再以B色線接續編織。

織片背面的模樣

4 以B色線完成4段的模樣。編織第5段前，如步驟3交叉兩織線。接下來每2段就交叉織線，換色編織。

5 再次以A色線編織時，同樣是每2段就交叉兩線，再改以B色線繼續編織。

從織片背面就能清楚看見，邊端兩線交叉後呈現縱向渡線的模樣。

● 渡線換色方法（每2段換色）

1 以A色線完成2段後，A色線暫休針，下一段改以B色線接續編織。B色線預留約10cm的線長。

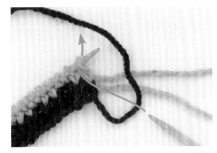

2 直接以B色線編織完成2段。接著就這樣放置B色線，改以暫休針的A色線織下一段。

3 右棒針以A色線掛線鉤出，完成縱向渡線，並編織下一段的第1針。

4 完成1針的模樣。縱向渡線時請注意織線的鬆緊，避免太鬆或太緊。

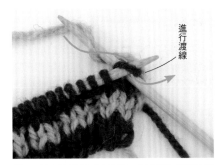

5 以A色線完成2段後，同步驟3以B色線進行縱向渡線，並編織下一段的第1針。接下來同樣每2段進行渡線，換色編織。

織片背面的模樣

從織片背面就能清楚看見，邊端兩色線縱向渡線的模樣。

輪編時的換線方法

輪編時若使用「兩線交叉的配色換線」，會影響織片正面的完整性，比較適合以渡線方法換線編織。

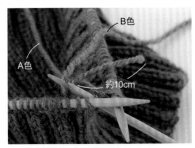

1 以A色線完成指定段數後，將A色線置於織片背面暫休針，下一段改換B色線編織。B色線預留約10cm的線頭。

2 以B色線編織指定段數後，將B色線置於織片背面暫休針，以先前暫休針的A色線進行縱向渡線，再接續編織下一段。縱向渡線時請注意織線要鬆緊適度。

織片背面的模樣

呈縱向渡線的A色線

從織片背面就能清楚看見縱向渡線的模樣。

織入圖案的配色換線

使用配色線在織片上製作出直條紋與花樣圖案的技巧。可大致分成在織片背面渡線與不在織片背面渡線的方法,此外還有編織時,將底色線與配色線在織片背面交叉固定的方法。

● 在織片背面渡線

進行織入圖案的織段時,以底色線編織時將配色線置於織片背面渡線,以配色線編織時則是將底色線置於織片背面渡線。
織片背面渡線拉得太緊,表面就會變得凹凸不平,渡線放太鬆則會讓針目不緊實,穿戴織品時織片背面容易鉤線。
編織時必須注意渡線的鬆緊是否適度。

連續圖案

織入圖案一直橫貫到邊端為止的情況,編織該段第1針時,配色線要先與底色線交叉纏繞,再開始編織。

正面	背面	織圖

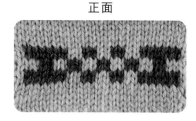

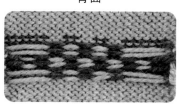

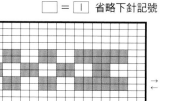

□ = ｜ 省略下針記號

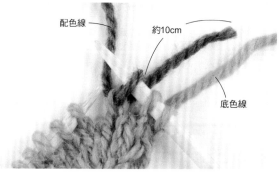

1　進行第1次換線時,改持配色線織下針。預留約10cm的線頭。

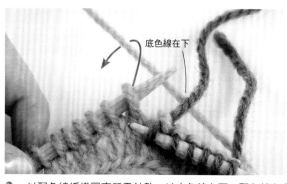

2　以配色線編織圖案所需針數,以底色線在下、配色線在上的方式進行渡線,接著以底色線織下針。渡線時必定是配色線在上,底色線在下,編織時請注意兩線交錯的位置。

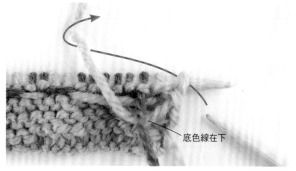

3　編織下一段的第1針,以底色線在下,配色線在上的方式交叉,接著以底色線編織。

4　改換配色線編織時,配色線從底色線上方穿過,渡線後繼續編織。

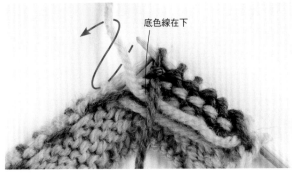

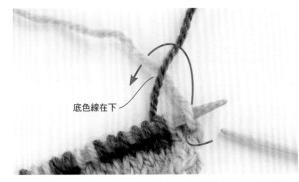

5 再次改換底色線編織時，底色線依然從配色線下方穿過，渡線後繼續編織。

6 編織下一段的第1針，底色線依然從配色線下方交叉穿過，接著以底色線編織。後續作法同步驟4～5，下1針起同樣一邊在織片背面渡線一邊進行編織。

單一圖案

依個人喜好在適當的位置織入圖案。為了避免底色線與配色線交界處出現空隙，配色線從圖案外圍的1～2針就開始與底色線交叉纏繞，再接續編織。

正面

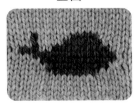

背面

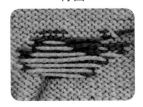

織圖

□ = | 省略下針記號

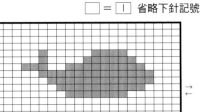

1 編織圖案的第2段時，在改換配色線編織前，先將底色線置於配色線下方交叉穿過，再以底色線編織1針。

2 改換配色線編織時，配色線從底色線上方穿過，再接續編織。

3 完成圖案第2段的樣子。

4 下一段換線編織時，作法同前，在改換配色線編織前，底色線置於配色線下方交叉穿過，再以底色線編織1針。

● 不在織片背面渡線

底色線與配色線沿著圖案邊緣交叉織線，不在織片背面渡線的換線方法。適合編織大塊圖案時使用，這樣就無須在織片背面拉出長長的渡線。

按照一段之中的換線次數，準備編織用的線球。

（使用編織配色繞線板會更加方便）

※為了更加清晰易懂，底色線B改以不同色線示範。

織圖

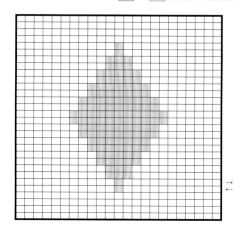

□ = │ 省略下針記號

正面	背面

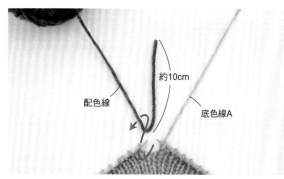

1 進行第1次換線時，編織中的底色線A不剪線暫休針，改持配色線織下針。預留約10cm的線頭。

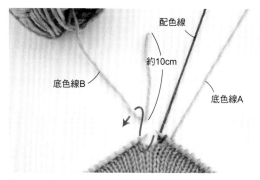

2 下1針是配色線暫休針，改持新加入的底色線B織下針。

3 完成圖案第1段的模樣。配色換線處的針目連接著線球。

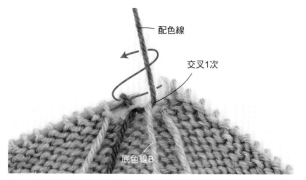

4 看著織片背面的編織段在改換色線時，織線依圖示在底色線B與配色線的交界處交叉1次，再織上針。

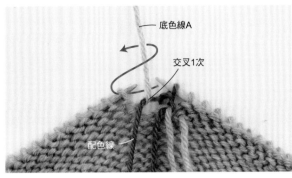

底色線A

交叉1次

配色線

5 改換底色線A編織時，同樣交叉1次，再織上針。

6 完成圖案第2段。織片背面的底色線與配色線交界處樣子。

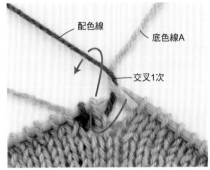

配色線

底色線A

交叉1次

7 看著織片正面的編織段在改換配色線時，織線依圖示在底色線A與配色線的交界處交叉1次，再織下針。

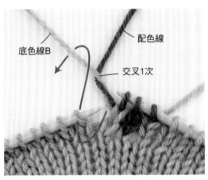

底色線B

配色線

交叉1次

8 改換底色線B編織時，同樣交叉1次，再織下針。

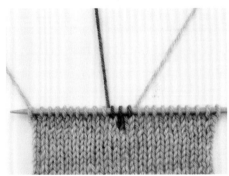

9 完成圖案的第3段。後續作法同步驟4～8，織線在每一段的底色線與配色線交界處交叉1次，再接續編織。

POINT

糾纏

✕

織片翻面時若始終朝著同一方向，織線就很容易糾纏在一起，請交錯方向翻面吧！

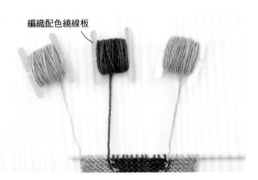

編織配色繞線板

進行不在織片背面渡線的編織時，使用「編織配色繞線板」會更加方便。為了讓編織更加順利，將織線分別繞成小線捲吧！只要將小線捲排成一列，編織時就不會糾纏在一起。

● 考津花樣

以底色線編織時,配色線在織片背面交叉;以配色線編織時,底色線在織片背面交叉的換線方法。完成的織片十分厚實。由於是一邊交叉織線一邊進行編織,針目容易織得過於鬆散,而背面的渡線太鬆時,容易出現浮凸於織片正面的狀況,編織時請注意。

織圖

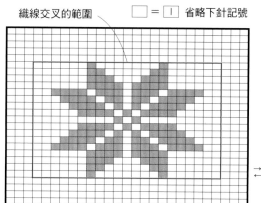

織線交叉的範圍　　□ = | 省略下針記號

正面	背面

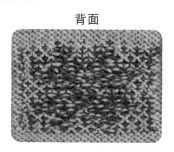

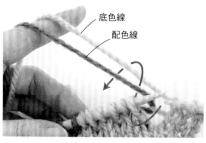

下針編織段

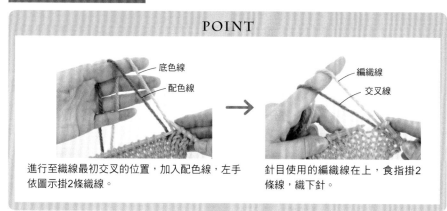

POINT

進行至織線最初交叉的位置,加入配色線,左手食指依圖示掛2條織線。

底色線
配色線

針目使用的編織線在上,食指掛2條線,織下針。

編織線
交叉線

1 右棒針依箭頭指示入針,從配色線下方穿過,掛底色線。

底色線
配色線

2 鉤出底色線,織下針。

3 下1針則是依箭頭指示入針,從配色線上方穿過,掛底色線。

4 鉤出底色線,織下針。

交換

5 重複步驟1~4,以底色線編織必要針數。接著改以配色線編織,左手食指上的底色線與配色線交換位置,重新掛線。

配色線
底色線

6 右棒針依箭頭指示入針,從底色線上方穿過,掛配色線。

7 鉤出配色線,織下針。

上針編織段

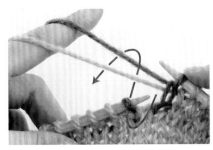

8 下1針則是依箭頭指示入針，從底色線下方穿過，掛配色線。

9 鉤出配色線，織下針。後續作法同前，交互改變每1針的掛線方式，依圖案交換掛底色線與配色線，繼續織下針。

底色線　　底色線在內　　配色線

1 進行至織段最初交叉的位置時，先如圖交叉兩線，底色線在內，配色線在外且往右避開。右棒針依箭頭指示入針，掛底色線。

2 鉤出底色線，織上針（注意配色線鬆緊度，以免影響織片正面美觀）。

3 完成上針。往右避開的配色線依箭頭指示繞向左側，往下避開。

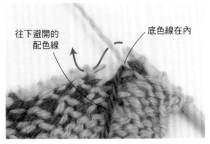

往下避開的配色線　　底色線在內

4 兩線交叉後，底色線在內，配色線在外且往下避開。右棒針依箭頭指示入針，掛底色線。

5 鉤出底色線，織上針。

6 完成上針。往下避開的配色線依箭頭指示向上移動，再次往右避開。

往右避開的底色線

7 重複步驟1～6，以底色線編織必要針數。接著以配色線編織時，底色線往右避開，以配色線織上針。

配色線在內
往下避開的底色線

8 下1針是將往右避開的底色線，由右往左繞過配色線外側，再往下避開，右棒針依箭頭指示入針，織上針。

9 後續作法同前，交互改變每1針的織線交叉方式，依圖案交換掛底色線與配色線，繼續織上針。

10 織片背面可以清楚看見底色線與配色線交織的模樣。

挑針方法

從織片鉤出編織線，製作新的編織針目，這樣的織法稱為「挑針」。

● 在手指掛線的起針段上挑針

平面編

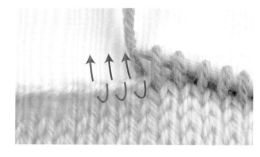

棒針依箭頭指示穿入針目之間，掛線後鉤出織線。

上針的平面編

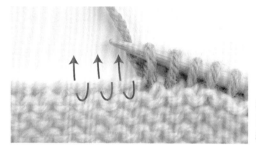

棒針依箭頭指示穿入針目之間，掛線後鉤出織線。

● 在套收針目上挑針

平面編

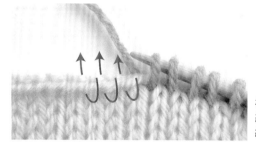

棒針依箭頭指示穿入最終段針目，掛線後鉤出織線。

上針的平面編

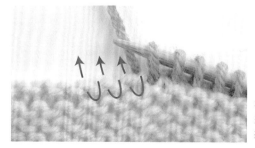

棒針依箭頭指示穿入最終段針目，掛線後鉤出織線。

● 在織片側邊（段）挑針

平面編

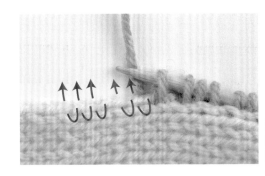

棒針依箭頭指示，穿入邊端
針目與第2針之間，掛線後
鉤出織線。

上針的平面編

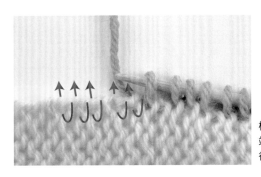

棒針依箭頭指示，穿入邊
端針目與第2針之間，掛線
後鉤出織線。

在織片側邊（段）挑針的針數

相較於「織片的段數」，若是「挑針的針數」較少時，就
以跳過織段的方式進行挑針。

跳過織段的間隔儘量平均，請先計算比例再進行挑針。

以每4段挑3針的比例挑針時

跳過1段　在3段挑3針

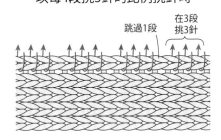

● 在斜線上挑針

在減針或加針之後形成的斜線上進行挑針。
從段上挑針時，基本上是在邊端1針的內側處挑針。
減針或加針的部分，則是在邊端1針半的內側處挑針。

●＝挑針位置

減針的斜線

平面編	上針的平面編	起伏編

1針半內側

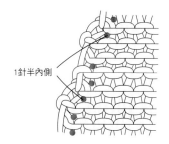

1針半內側

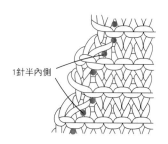

1針半內側

加針的斜線

平面編	上針的平面編	起伏編

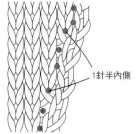

1針半內側

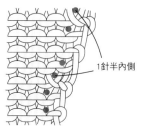

1針半內側

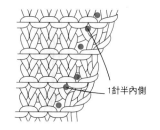

1針半內側

● 在弧線上挑針　在減針或加針之後形成的弧線上進行挑針。

減針的弧線

●＝挑針位置

平面編

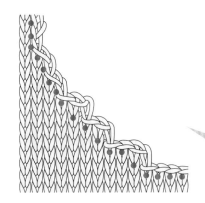

POINT

袖襱、領口等內凹形的弧線，挑針數太多時，會導致完成的織片呈現浮凸不平的狀態。編織時請注意避免挑針數太多。

上針的平面編

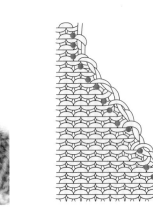

POINT

編織圓弧下襬等外凸形的弧線，挑針數太少時，會導致完成的織片呈現過於緊繃的狀態。編織時請注意避免挑針數太少。

加針的弧線

平面編

上針的平面編

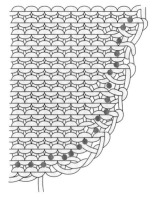

● 手套的拇指挑針

〈拇指位置以別線織入8針，之後挑19針的情況〉

手套本體

拇指位置（織入別線）

8針

拇指

在拇指位置挑19針

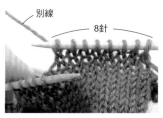

別線

8針

1 編織手套本體至拇指位置，以別線織8針下針。

2 將步驟1完成的8針，移至左棒針上。

別線

3 以別線編織的針目，再織一次上針。

4 繼續編織手套本體。

1 拆除拇指位置的別線（先以蒸氣熨斗整燙再拆，針目較不易散開）。

2 拆除別線的模樣。

※使用5枝棒針編織的示範說明。

拇指位置針目放大圖

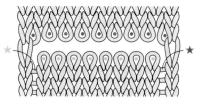

● ● ＝挑針

★ ★ ＝挑針目之間的織線，編織扭加針。

3 分別以4枝棒針穿入右側放大圖中標記 ● ● 的針目。

4 下方的8針（ ● ）織下針。
※為了更加清晰易懂，改以不同色線示範。

5 挑起放大圖的★織線，以扭加針的要領編織。

6 上方的9針（ ● ）織下針。

7 挑起放大圖的★織線，以扭加針的要領編織。

8 完成拇指位置的19針挑針。此為拇指的第1段。

換線・接線方法

編織途中出現織線不夠用的狀況時，接上新線繼續編織的方法。

※為了更加清晰易懂，改以不同色線示範。

● 在段的交界處換線

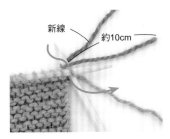

新線
約10cm

1 右棒針掛新線，編織該段的第1針。

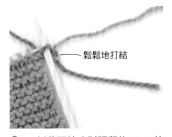

鬆鬆地打結

2 新舊兩線分別預留約10cm的線頭，鬆鬆地打結1次固定後，直接以新線接續編織。

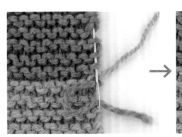

3 編織完成後，無須解開步驟2的打結處，分別將線頭穿入毛線針，再穿進織片背面的針目中約4至5cm進行藏線。

● 在段的中途換線

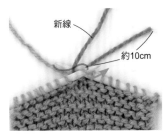

新線
約10cm

1 右棒針掛新線，編織下1針。

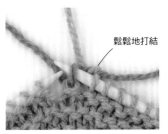

鬆鬆地打結

2 新舊兩線分別預留約10cm的線頭，鬆鬆地打結1次固定後，直接以新線接續編織。

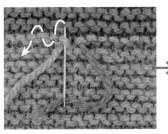

3 編織完成後，解開步驟2的打結處，分別將線頭穿入毛線針，再依箭頭指示穿進織片背面的針目中約4至5cm進行藏線。

● 「織布結」接線法

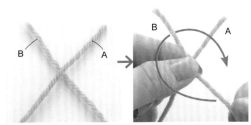

B B A

1 依圖示交叉使用中的編織線（A）與新線（B）線頭，左手捏住交叉點，右手B線依箭頭指示繞行。

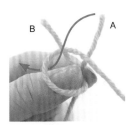

B A

2 將A的線頭穿入步驟1的線圈。

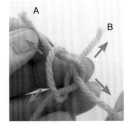

A B

3 依箭頭指示平均拉緊A・B兩線頭。

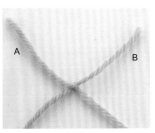

A B

4 完成織布結。

針目補救修飾

不小心看錯記號、遺漏針目導致織錯時，
依織片而定，有些場合只要運用這些小技巧就能夠輕鬆挽救。

● 織錯針目時（下針）

編織時突然發現，
數段之前看錯記號，
織錯針目，這時就
使用鉤針來補救吧！

織錯的針目

1 繼續編織至織錯針目該列的前1針。

2 將左棒針上的下1針滑出，往下一一鬆
開至織錯的針目。

3 鉤針穿入織錯的針目，掛上鬆開的下一
段織線，再依箭頭指示鉤出。

4 以相同作法一段一段補，鉤針掛上鬆
開的下一段織線並且鉤出。

5 最後，將鉤針上的針目移回左棒針。所
有針目皆修正為下針。

● 缺漏針目時　編織時突然發現，數段前少織了1針，這時就使用下列的任一方法來補救吧！

以鉤針挑針・重新補織1針的方法

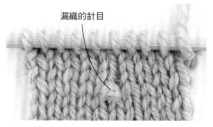

漏織的針目

1 鉤針穿入鬆脫而漏織的針目。

2 先調整左、右針目之間的距離，再以鉤
針掛上針目之間的渡線並且鉤出，以相
同作法在每一段補織1針。

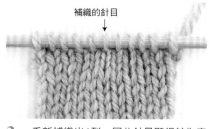

補織的針目

3 重新補織出1列，因此針目顯得較為密
集。

在織片背面穿入共線的補救方法　　※為了更加清晰易懂，改以不同色線示範。

漏織的針目

1 將漏織的針目穿向織片背面。

相鄰針目

漏織的針目

2 以共線依序穿入漏織的針目與相鄰針目
之後打結。

3 共線打結後，將線頭穿入織片背面的針
目藏線（以此方法補救，織片會直接少
1針）。

第4章 最後加工修飾

織片完成後，還需要進行後續的加工修飾。

本單元將介紹可大幅提升作品完成度的修飾技巧。

經過細部處理的作品會展現截然不同的樣貌。

是非常值得牢記學習的重點。

收針

即使棒針滑出，針目也依然不會鬆開的技巧稱為「收針」。
請依織片或收針部位選擇合適的收針方式。

 套收針　直接以織片的編織線進行收針。由於幾乎不具彈性，適合想要固定織片寬度時使用。

一邊織下針一邊織套收針

1　邊端2針織下針。

2　左棒針挑起第1針，套在第2針上。

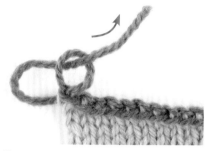

3　重複「將前1針套在剛織好的針目上」。最後預留約10cm剪線，將線頭穿入棒針上最後的線圈，拉線收緊即可。

一邊織上針一邊織套收針

1　邊端2針織上針。

2　左棒針挑起第1針，套在第2針上。

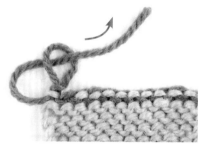

3　重複「將前1針套在剛織好的針目上」。最後預留約10cm剪線，將線頭穿入棒針上最後的線圈，拉線收緊即可。

一邊織一針鬆緊編一邊織套收針

1　邊端2針織下針，左棒針挑起第1針，套在第2針上。

2　下1針織上針，將前1針套在剛織好的針目上。

3　重複「編織與最終段相同的針目（下針或上針），將前1針套在剛織好的針目上」。最後預留約10cm剪線，將線頭穿入棒針上最後的線圈，拉線收緊即可。

⼈ 一邊織2併針一邊織套收針

一邊減針一邊織套收針的方法。
在此雖然以「左上2併針」進行解說，
但若是「右上2併針」也是以相同訣竅進行套收針。

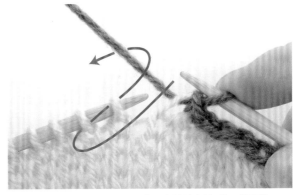

1 右棒針依箭頭指示，一次穿入左棒針上的2針，織下針。

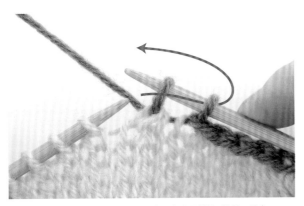

2 左棒針依箭頭指示挑起前1針，套在剛織好的第2針上。

3 完成織2併針的套收針。

使用鉤針織套收針的方法

左手持棒針，右手持鉤針進行套收針的方法。
由於容易調整織線鬆緊度，因此想要鬆一點或緊一點的效果時，就以鉤針進行收針吧！
此外，進行套收針的同時一併編織緣編時，也很適合以此方法織套收針。

1 鉤針依箭頭指示穿入左棒針上的針目。

2 鉤針掛線，依箭頭指示引拔後，左棒針滑出針目。

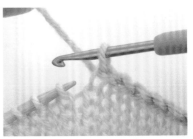

3 使用鉤針完成套收針的樣子。以相同作法重複步驟1～2完成收針。

● 一針鬆緊編收縫

可維持一針鬆緊編形狀的收針法。具有良好彈性且美觀的收邊。
預留約3～3.5倍的收縫線長，將線頭穿入毛線針開始收縫。

往復編（邊端下針1針）

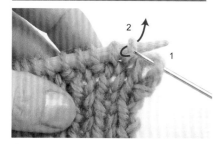

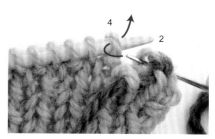

1 縫針穿入邊端2針，棒針滑出針目。縫針如圖示穿入針目1，再依箭頭指示由內往外穿入針目2。

2 縫針如圖示穿入針目1與針目3。穿入針目1的方向與步驟1相反。

3 縫針如圖示穿入針目2，再依箭頭指示由內往外穿入針目4。穿入針目2的方向與步驟1相反。

4 縫針如圖示穿入針目3與針目5。穿入針目3的方向與步驟2相反。

5 後續同步驟3～4，縫針交互穿入上針與上針、下針與下針。一邊收縫一邊適度地拉緊縫線。

6 縫針依圖示穿入最後2針，完成一針鬆緊編收縫。

往復編（邊端下針2針）

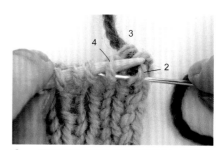

1 縫針如圖示穿入邊端2針，棒針滑出針目。

2 縫針如圖示穿入針目1，再由內往外穿入針目3。穿入針目1的方向與步驟1相反。

3 縫針如圖示穿入針目2與針目4。穿入針目2的方向與步驟1相反。

4 縫針如圖示穿入針目3與針目5。穿入針目3的方向與步驟2相反。後續同步驟3～4，縫針交互穿入上針與上針、下針與下針。一邊收縫一邊適度地拉緊縫線。

5 縫針依圖示穿入左端最後的上針。

6 縫針依圖示穿入最後2針，完成一針鬆緊編收縫。

輪編

1 縫針由外往內穿入針目1，棒針滑出針目。

2 縫針由內往外穿入針目2，棒針滑出針目。

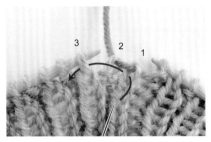

3 縫針如圖示穿入針目1與針目3。穿入針目1的方向與步驟1相反。

4 縫針如圖示穿入針目。左棒針滑出針目3。

5 縫針與穿入針目2與針目4。穿入針目2的方向與步驟2相反。
※為了更加清晰易懂，左針已經滑出針目4。

6 縫針如圖示穿入針目。一邊收縫一邊適度地拉緊縫線。

7 後續同步驟3～6，縫針交互穿入上針與上針、下針與下針。

8 收縫一圈後，縫針依圖示穿入最後的下針與針目1。

9 縫針穿入針目的樣子。

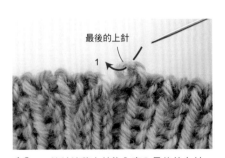

10 縫針接著由外往內穿入最後的上針。

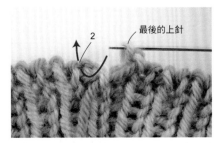

11 最後縫針同步驟2，由內往外穿入針目2，並且直接拉出縫線。輕輕拉緊後穿向織片背面收針藏線。

12 完成一針鬆緊編收縫。

● 二針鬆緊編收縫

可維持二針鬆緊編形狀的收針法。具有良好彈性且美觀的收邊。
預留約3.5～4倍的收縫線長，將線頭穿入毛線針開始收縫。

往復編（邊端下針2針）

1 縫針穿入邊端2針，棒針滑出針目。

2 縫針如圖示穿入針目1與針目3。穿入針目1的方向與步驟**1**相反。

3 縫針如圖示穿入針目2與針目5。穿入針目2的方向與步驟**1**相反。

4 縫針如圖示穿入針目3與針目4。穿入針目3的方向與步驟**2**相反。

5 縫針如圖示穿入針目5與針目6。穿入針目5的方向與步驟**3**相反。

6 縫針如圖示穿入針目4與針目7。穿入針目4的方向與步驟**4**相反。

7 重複步驟**3**～**6**，縫針交互穿入上針與上針、下針與下針。一邊收縫一邊適度地拉緊縫線。

8 縫針依圖示穿入最後的上針與最後的下針，完成二針鬆緊編的收縫。

往復編（邊端下針3針）

1 縫針穿入邊端3針，棒針滑出針目。

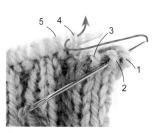

2 縫針逆向穿入針目2、1，再依箭頭指示穿入針目4。

3 縫針如圖示穿入針目3與針目6。穿入針目3的方向與步驟**1**相反。

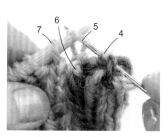

4 縫針如圖示穿入針目4與針目5。穿入針目4的方向與步驟**2**相反。

5 縫針如圖示穿入針目6與針目7。穿入針目6的方向與步驟**3**相反。

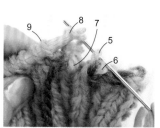

6 縫針如圖示穿入針目5與針目8。穿入針目5的方向與步驟**4**相反。

7 重複步驟**3**～**6**，縫針交互穿入上針與上針、下針與下針。一邊收縫一邊適度地拉緊縫線。

8 縫針依圖示穿入最後2針，完成二針鬆緊編的收縫。

輪編

1 縫針由內往外穿入針目1，棒針滑出針目。

2 縫針由外往內穿入針目2（棒針尚未滑出針目）。

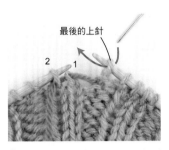

3 縫針往回穿入最後的上針（直到整圈收縫完畢，才將最後的上針滑出）。

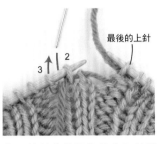

4 縫針依箭頭指示穿入針目3。

5 縫針依箭頭指示穿入針目2，棒針滑出針目。穿入方向與步驟2相反。

6 縫針如圖示穿入針目5。

7 縫針如圖示穿入針目3，棒針滑出針目。穿入方向與步驟4相反。

8 縫針如圖示穿入針目4（棒針尚未滑出針目）。

9 縫針如圖示穿入針目5與針目6。穿入針目5的方向與步驟6相反。

10 縫針如圖示穿入針目4，棒針滑出針目。穿入方向與步驟8相反。

11 縫針如圖示穿入針目7（此後，棒針滑出針目5）。

12 重複步驟5～11，縫針交互穿入上針與上針、下針與下針。

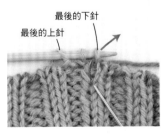

13 收縫一圈後，縫針依圖示穿入最後的下針，棒針滑出針目。

14 縫針依箭頭指示穿入針目1。穿入方向與步驟1相反。

15 縫針依箭頭指示穿入最後的2針上針。

16 完成二針鬆緊編的收縫。

● **縮口束緊**　最終段針目穿線後縮口束緊的收針法。適合帽頂或手套指尖等部位收針時使用。

全針目穿線縮口束緊

編至最終段時，若棒針上的針目較少，則採用所有針目穿線2圈後縮口束緊的方式固定。

※為了更加清晰易懂，穿線改以不同色線示範。

1　編織終點預留約30cm的線長後剪線，線頭穿入毛線針。
※請配合織片尺寸調整預留織線長度。

2　縫針依序穿入棒針上的針目。

3　棒針不滑出針目，縫針穿過所有針目繞行1圈，此時還不要拉緊縫線。

POINT

縫針穿入針目時要避免從織線中穿過。若是穿入織線裡就很難拉線縮口。

○　縫針順利地穿過針目。

×　縫針穿入織線裡。

4　縫針繼續繞行第2圈，穿入針目的同時滑出棒針。

5　穿線2圈的模樣。

6　拉動第1圈的束線收緊。

7　拉動線頭，收緊第2圈的束線。

8　縮口束緊的模樣。

9　最後，縫針從中央的孔洞穿至背面，餘下線頭穿入織片背面針目約5～6cm收針藏線。

間隔1針分2次穿線的縮口束緊

編至最終段時，若棒針上的針目較多，則採用間隔1針穿線，分2次繞行所有針目的縮口方式。

※為了更加清晰易懂，穿線改以不同色線示範。

1 編織終點預留約70cm的線長後剪線，線頭穿入毛線針。
※請配合織片尺寸調整預留織線長度。

2 看著織片背面挑針，縫針以間隔1針的方式穿入棒針上的針目。挑針目仍在棒針上。

3 間隔1針挑針一圈的樣子。尚未拉緊縫線。

4 第2圈，看著織片正面挑針，縫針以間隔1針的方式穿入尚未穿線的針目。

5 縫針穿入針目後即可滑出棒針。

6 所有針目皆穿線的樣子。

7 拉動第1圈（內側）的線收束開口。

8 拉動線頭收緊第2圈（外側），確實縮口束緊。

9 縮口束緊的模樣。

10 最後，縫針從中央的孔洞穿至背面，並且在最終段針目挑2針

11 在縫針繞線2～3次，打止縫結固定。

12 餘下線頭穿入織片背面針目約5～6cm收針藏線。

POINT 針數較多時，縮口束緊的線容易鬆開，所以需要打結固定。

併縫

接合兩織片針目與針目（或針與段）的縫法稱為「併縫」。
請配合編織作品選擇適合的併縫方式。

● 套收併縫

預留約併縫尺寸5～6倍的線長。

1 兩織片正面相對對齊，鉤針依序穿入內、外兩織片的邊端針目。將外側針目滑出棒針的同時，鉤針如箭頭指示鉤出針目。

2 從內側針目鉤出外側針目的樣子。

3 內側針目也滑出棒針。形成內側針目套在外側針目上。

4 鉤針掛併縫線，依箭頭指示引拔。

5 引拔後的樣子。鉤針依箭頭指示穿入下2針。

6 同步驟1～3，從內側針目鉤出外側針目。

7 鉤針掛線，依箭頭指示引拔。

8 引拔後的樣子。

9 後續同樣重複步驟5～7，進行套收併縫接合織片。

10 最後預留約10cm剪線，線頭穿入線圈後收緊。

11 完成套收併縫。

完成套收併縫的織片正面。

不使用鉤針而是以3枝棒針進行套收併縫的方法

1 兩織片正面相對對齊，以第3枝棒針穿入內側織片針目，再依箭頭指示穿入外側織片針目。

2 外側針目滑出棒針，依箭頭指示從內側織片鉤出針目。

3 內側針目也滑出棒針。形成內側針目套在外側針目上。

4 重複相同動作，從內側針目鉤出外側針目。

5 所有針目皆移至第3枝棒針上。

6 右端2針織下針，將第1針套在第2針上。

7 完成套收併縫的樣子。

8 重複「織1針下針，將前1針套在剛織好的針目上」。

● 引拔併縫

預留約併縫尺寸5～6倍的線長。

1 兩織片正面相對,對齊後鉤針如圖示穿入邊端2針目,並且滑出棒針。

2 鉤針掛併縫線,依箭頭指示一次引拔2針目。

3 完成引拔的樣子。下1針同樣是將鉤針穿入相對的2針目,滑出棒針。

4 鉤針掛線,依箭頭指示引拔2針目。

5 引拔針目後的樣子。

6 重複步驟3～5,鉤針穿入相對的2針目一次引拔,進行併縫。

7 最後預留約10cm剪線,線頭穿入線圈後收緊。

8 完成引拔併縫的樣子。

完成引拔併縫的織片正面。

● 平面編併縫（併縫休針針目）

預留約併縫尺寸3倍的線長。

1 兩織片上下並排，看著織片正面進行併縫。毛線針穿線，如圖示穿入上、下織片的邊端針目。

2 縫針依箭頭指示穿入下方織片的第1針與第2針。棒針滑出第1針，第1針的穿針方向與步驟1相反。

3 縫針依箭頭指示穿入上方織片的第1針與第2針。第1針的穿針方向與步驟1相反。

4 縫針穿入下方織片的第2針與第3針。第2針的穿針方向與步驟2相反。

5 後續作法相同，縫針交互穿入上方與下方織片的針目。縫線不可拉得太緊，以適當的鬆緊併縫成下針模樣。

6 最後將縫針穿入上方織片的外側半針。

7 併縫針目形成一段平面編的樣子。

● 平面編併縫（併縫手指掛線起針） 預留約併縫尺寸3倍的線長。

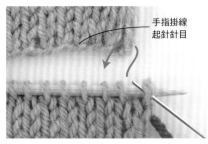  

1 兩織片上下並排，看著織片正面進行併縫。毛線針穿線，如圖示穿入上、下織片的邊端針目。

2 縫針依箭頭指示穿入下方織片的第1針與第2針。第1針滑出棒針，第1針的穿針方向與步驟1相反。

3 縫針依箭頭指示穿入上方織片的第2針。

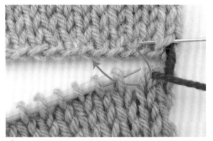  

4 縫針穿入下方織片的第2針與第3針。第2針的穿針方向與步驟2相反。

5 後續作法相同，縫針交互穿入上、下方織片，一邊作出平面編針目一邊併縫。

6 最後將縫針穿入下方織片的外側半針。併縫針目形成一段平面編的樣子。

● 平面編併縫（併縫套收針） 預留約併縫尺寸3倍的線長。

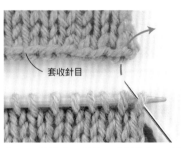  

1 兩織片上下並排，看著織片正面進行併縫。毛線針穿線，如圖示穿入上、下織片的邊端針目。

2 縫針依箭頭指示穿入下方織片的第1針與第2針。棒針滑出第1針，第1針的穿針方向與步驟1相反。

3 縫針依箭頭指示穿入上方織片的第1針與第2針。

4 縫針穿入下方織片的第2針與第3針。

5 後續作法相同，縫針交互穿入上、下方織片，一邊作出平面編針目一邊併縫。

6 最後將縫針穿入上方織片的外側半針。併縫針目形成一段平面編的樣子。

● 上針的平面編併縫　預留約併縫尺寸3倍的線長。

1 兩織片上下並排，看著織片正面進行併縫。毛線針穿線，如圖示穿入上、下織片的邊端針目。

2 縫針依箭頭指示穿入下方織片的第1針與第2針。棒針滑出第1針，第1針的穿針方向與步驟1相反。

3 縫針依箭頭指示穿入上方織片的第1針與第2針。

4 縫針穿入下方織片的第2針與第3針。

5 後續作法相同，縫針交互穿入上、下方織片，一邊作出平面編針目一邊併縫。

6 最後將縫針穿入上方織片的外側半針。併縫針目形成一段平面編的樣子。

● 起伏編併縫　預留約併縫尺寸3倍的線長。

※併縫兩織片的最終段，若一片為上針，一片為下針，接合完成的起伏編併縫會更加漂亮。

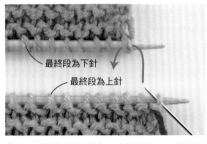

最終段為下針
最終段為上針

1 兩織片上下並排，看著織片正面進行併縫。毛線針穿線，如圖示穿入上、下織片的邊端針目。

2 縫針依箭頭指示穿入下方織片的第1針與第2針。棒針滑出第1針，第1針的穿針方向與步驟1相反。

3 縫針依箭頭指示穿入上方織片的第1針與第2針。

4 縫針穿入下方織片的第2針與第3針。

5 後續作法相同，縫針交互挑針，上方織片以上針平面編併縫要領，下方織片以平面編併縫要領進行併縫。

6 最後將縫針穿入上方織片的外側半針。併縫針目形成一段起伏編的樣子。

● 針與段的併縫（併縫休針針目）

預留約併縫尺寸3倍的線長。

※針目以平面編併縫（參照P.97）要領，織段以挑針綴縫（參照P.102）要領，以毛線針挑針併縫。

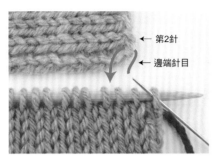

1　兩織片上下並排，看著織片正面進行併縫。毛線針穿線，如圖示穿入下方織片的第1針，再穿入上方織片邊端針目與第2針之間。

2　縫針依箭頭指示穿入下方織片的第1針與第2針。棒針滑出第1針，第1針的穿針方向與步驟1相反。

3　縫針穿入上方織片挑段。挑段是依箭頭指示挑織片邊端針目與第2針之間的沉降弧（參照P.14）。

4　縫針穿入下方織片的第2針與第3針，再依箭頭指示穿入上方織片挑段。配合併縫織片調整上方挑段的針數（圖為挑2段的範例）。

5　縫針穿入下方織片的第3針與第4針。後續作法相同，縫針交互穿入上方織片挑段與下方織片挑針。

6　縫線不可拉得太緊，以適當的鬆緊併縫成下針模樣。

7　併縫針目形成一段平面編的樣子。

● 針與段的併縫（併縫手指掛線起針） 預留約併縫尺寸3倍的線長。

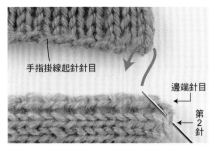

手指掛線起針針目

邊端針目

第2針

1 毛線針穿線，如圖示穿入下方織片邊端針目與第2針之間，再穿入上方織片的第1針。

2 縫針穿入下方織片挑段。挑段是依箭頭指示挑織片邊端針目與第2針之間的沉降弧（參照P.14）。

3 縫針依箭頭指示繼續穿入上方織片的第2針。

4 縫針依箭頭指示在下方織片挑段。

5 後續作法相同，縫針交互穿入上、下方織片，一邊作出平面編針目一邊併縫。

6 縫線不可拉得太緊，以適當的鬆緊併縫。併縫針目形成一段平面編的樣子。

● 針與段的併縫（併縫套收針） 預留約併縫尺寸3倍的線長。

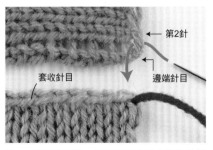

第2針

套收針目

邊端針目

1 毛線針穿線，如圖示穿入下方織片的第1針，再穿入上方織片邊端針目與第2針之間的渡線。

2 縫針依箭頭指示穿入下方織片的第1針與第2針。

3 縫針穿入上方織片挑段。挑段是依箭頭指示挑織片邊端針目與第2針之間的沉降弧（參照P.14）。

4 縫針依箭頭指示穿入下方織片的第2針與第3針。

5 後續作法相同，縫針交互穿入上、下方織片，一邊作出平面編針目一邊併縫。

6 縫線不可拉得太緊，以適當的鬆緊併縫。併縫針目形成一段平面編的樣子。

綴縫

接合兩織片段與段的縫法稱為「綴縫」。
以下將介紹一般常用的「挑針綴縫」方法，並且以各式織片進行解說。

● 挑針綴縫（平面編）　預留約綴縫尺寸1.5～2倍的線長。

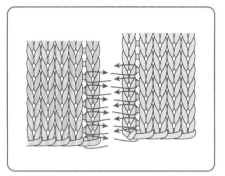

1　兩織片左右並排，看著織片正面進行綴縫。毛線針穿線，依箭頭指示穿入左側的針目。

2　縫針依箭頭指示，挑右側邊端針目與第2針之間的沉降弧（P.14）。

3　縫針依箭頭指示，挑左側邊端針目與第2針之間的沉降弧。

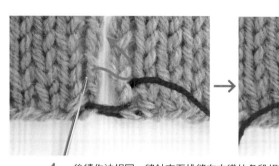

4　後續作法相同，縫針交互挑縫左右織片各段相對的沉降弧。

5　實際上是一邊挑針綴縫，一邊輕輕拉線至看不出縫線的程度。

6　完成綴縫的織片正面。

● 挑針綴縫（上針的平面編）　預留約綴縫尺寸1.5～2倍的線長。

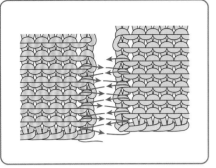

1 縫針穿入左側織片的邊端針目與第2針之間，再依箭頭指示挑右側織片邊端針目與第2針的沉降弧（參照P.14）。

2 縫針依箭頭指示，挑左側織片邊端針目與第2針之間的沉降弧。

3 後續作法相同，縫針交互挑縫左右織片各段相對的沉降弧。

4 實際上是一邊挑針綴縫，一邊輕輕拉線至看不出縫線的程度。

5 完成綴縫的織片正面。

● 挑針綴縫（起伏編）　預留約綴縫尺寸1.5～2倍的線長。

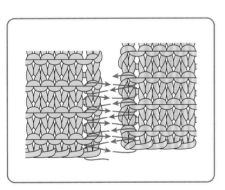

1 縫針穿入左側織片的邊端針目與第2針之間，再依箭頭指示挑右側織片邊端針目與第2針的沉降弧（參照P.14）。

2 縫針依箭頭指示，挑左側織片的邊端針目與第2針之間的沉降弧。

3 後續作法相同，縫針交互挑縫左右織片各段相對的沉降弧。

4 實際上是一邊挑針綴縫，一邊輕輕拉線至看不出縫線的程度。

5 完成綴縫的織片正面。

釦眼 & 鈕釦縫法

● **釦眼** 　釦眼的作法可分成編織時製作，與完成織片再作出釦眼兩種方式。

以掛針製作（編織 ⟨⟨○ 作出釦眼的方法）

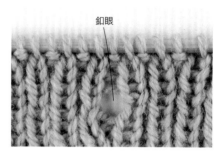

1　右棒針依箭頭指示掛線，織「掛針」。

2　右棒針依箭頭指示穿入後續2針，織左上2併針。

3　編織的掛針成為釦眼。

無理穴（完成織片再作釦眼）

1　以毛線針挑起釦眼處的針目。

2　毛線針往上拉大針目，強硬擴大孔洞。

3　以手指再次拉開針目。

4　完成強硬撐開針目的釦眼（無理穴）。

釦眼

在無理穴邊緣進行釦眼繡

勉強撐開針目製作而成的無理穴釦眼，日後會漸漸縮小，因此可沿著釦眼邊緣，以共線進行釦眼繡固定。

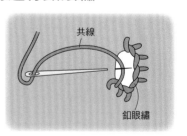

共線

釦眼繡

● 鈕釦縫法

雖然是以織線接縫鈕釦,但織線太粗時就使用「分股線」吧!
若是不夠強韌的織線,亦可使用「鈕釦縫線」或「釦眼線」。

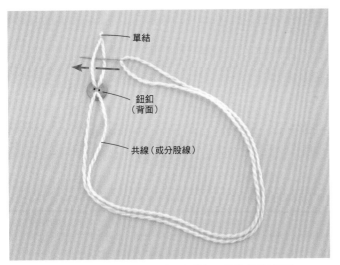

1 毛線針穿入共線(或分股線),線端打結並穿入
鈕釦。

※為了更加清晰易懂,使用與織片不同色的縫線
示範。

2 縫於鈕釦位置。

3 在織片與鈕釦之間繞線(配合織片厚度調整繞
線次數)。

4 依織片厚度決定釦腳高度,縫針穿至織片背面
打止縫結。

分股線

鬆開共線,保留適當粗細的股數,並抽去多餘線材,重
新撚線即完成分股線。

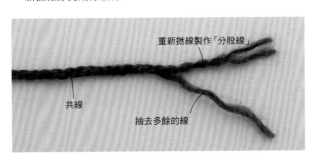

若是不夠強韌的織線,亦可使用「鈕釦
縫線」或「釦眼線」。

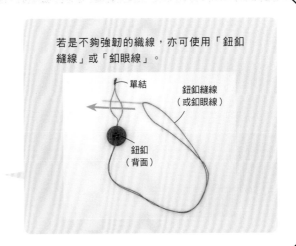

收針藏線

編織起點、終點或接線等殘留的線頭，
請使用毛線針，穿至織片背面的針目裡進行收針藏線吧！

● 織片邊端的收針藏線

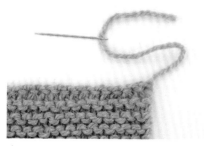

1 編織起點或終點的線頭，穿入毛線針。

2 穿至織片背面的邊端針目裡約5～6cm藏線。

3 貼近織片剪斷餘線。

● 織片中的收針藏線

1 線段穿入毛線針，依箭頭指示，穿至織片背面的針目裡5～6cm藏線。

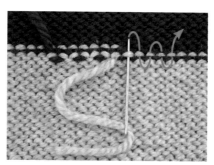

2 另一線頭也依箭頭指示，穿入同色針目裡5～6cm藏線。

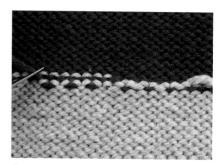

3 貼近織片剪斷餘線。

毛線針的穿線訣竅

編織用線是使用好幾股線撚合而成，若是從線頭端直接穿針，很容易因織線分岔而失敗。
使用以下介紹的方法，就能夠順利地穿針引線。

1 依圖示以對摺的織線夾住毛線針，左手拇指與食指捏緊織線對摺處，右手依箭頭指示抽出毛線針。

2 手指依然捏緊對摺處的摺山，依箭頭指示穿入毛線針的針孔。

3 穿過針孔的模樣。以摺山穿過針孔，織線就不容易分岔，可以順利穿針。

整燙定型

編織完成後以蒸氣熨斗整燙，可以將針目整理得更加平整漂亮。

※整燙前請先確認線材標籤上的整燙指示。

1　準備蒸氣熨斗與燙墊。

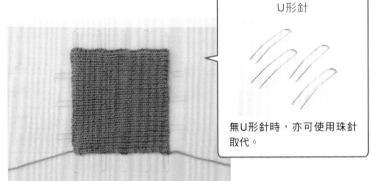

U形針

無U形針時，亦可使用珠針取代。

2　將完成的織片背面朝上，置於燙墊上。調整織片形狀，以U形針固定於燙墊上，整燙後的織片會更漂亮。

若直接以熨斗接觸織片，容易壓扁針目，破壞針織作品質感，請務必注意！

3　熨斗浮空約3cm不接觸織片，僅以蒸氣進行全面整燙。整燙後靜置片刻，待織片冷卻後取下U形針。

4　需要進行併縫、綴縫的織品，請在縫合之後，再次以蒸氣確實整燙織片背面的縫合部分。

毛衣織品的整燙

燙袖板

整燙前　　　　**整燙後**

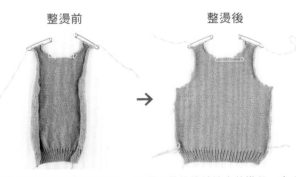

接縫之前先確實整燙各織片，不僅更易於挑針縫合的進行，完成的作品也更精緻。因此建議仔細地整燙。

完成接縫後，進行最後的定型整燙。服裝織品經過整燙會更加立體，使用燙袖板可以讓接縫部分等細部整燙更加順利。

其他技巧

主要介紹用於作品裝飾或視覺焦點的技巧。
當作棒針編織技巧之一學習並牢記,會更加便利。

● 平面編刺繡　只想稍微加點重點裝飾時,在平面編上進行針目刺繡的方法。

橫向往左刺繡

1　毛線針從刺繡位置的前一段背面入針,穿向正面。

2　縫針如圖示挑刺繡位置的下一段針目。

3　縫針從步驟1的出針位置穿入,從左側下1針穿出。

4　縫針挑刺繡位置的下一段針目。

5　縫針從步驟3的出針位置穿出,從左側下1針穿入。繼續以相同作法由右往左挑針刺繡。

縱向往上刺繡

1　毛線針從刺繡位置的前段針目背面入針,穿向正面。

2　縫針挑刺繡位置的下一段針目。

3　縫針從步驟1的出針位置穿入,從該針目的正上方穿出。

4　縫針挑刺繡位置的下一段針目。

5　縫針從步驟3的出針位置穿入,從該針目的正上方穿出。繼續以相同作法由下往上挑針刺繡。

往斜上方刺繡

1 毛線針從刺繡位置的前段針目背面入針，穿向正面。

2 縫針挑刺繡位置的下一段針目。

3 縫針從步驟1的出針位置穿入，從左側下1針‧下1段的針目穿出。

4 縫針挑刺繡位置的下一段針目。

5 縫針從步驟3的出針位置穿入，從左側下1針‧下1段的針目穿出。繼續以相同作法往左上方挑針刺繡。

往斜下方刺繡

1 毛線針從刺繡位置的前段針目背面入針，穿向正面。

2 縫針挑刺繡位置的下一段針目。

3 縫針從步驟1的出針位置穿入，從左側下1針‧前1段的針目穿出。

4 縫針挑刺繡位置的下一段針目。

5 縫針從步驟3的出針位置穿入，從左側下1針‧前1段的針目穿出。繼續以相同作法往左下方挑針刺繡。

● 流蘇的接合方法

※為了更加清晰易懂，使用與織片不同色的流蘇線示範。

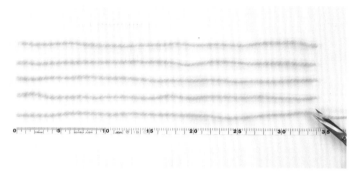

1 依指定長度裁剪流蘇用線，準備必要數量的線段（1束流蘇的線段數×流蘇數量）。

2 取1束用量的流蘇線，對齊後對摺。

3 鉤針從繫綁流蘇位置的針目背面穿向正面。

4 鉤針如圖鉤住流蘇束的對摺處，依箭頭指示往織片背面鉤出。

5 流蘇線束依箭頭指示穿入對摺的線圈。

指定長度

6 依箭頭指示下拉流蘇線束。

7 完成1處流蘇的接合。

8 接合所有流蘇後，依指定長度修剪整齊。

● 絨球作法

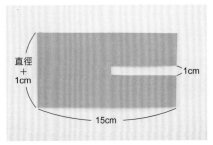

1 將厚紙板裁成如圖示的形狀。

2 在厚紙的左側依指定次數繞線。

3 完成指定次數繞線的樣子。剪線。

※為了更加清晰易懂，原本繫綁中央的共線改以不同色線示範。

4 將繞好的線圈移至厚紙右側。

5 取2條40～50cm的共線穿入厚紙切口處，在線圈中央繞線2次，綁緊後打結2次。

6 從厚紙取下線圈。

若是不夠強韌的共線，可改換強韌的細棉繩之類繫綁。

7 剪開線圈兩端的對摺處。

8 依指定直徑修剪整齊，形成漂亮的圓球狀。修剪形狀時要避免剪到繫綁中央的共線。

9 完成絨球。以繫綁中央的共線固定在帽頂等作品上。

以2股線製作絨球

使用2股線，同樣依指定次數在厚紙上繞線，即可作出多色絨球（使用3股以上的作法也相同）。

 →

● 穗飾作法

※為了更加清晰易懂，繫綁的共線改以不同色線示範。

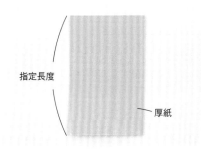

1 將厚紙板剪成指定長度。

指定長度

厚紙

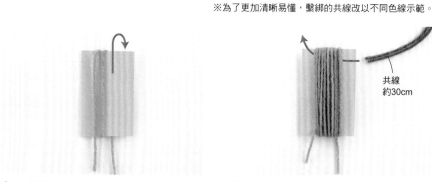

2 依指定次數在厚紙上繞線。

共線
約30cm

3 依指定次數繞線後剪線。取2條約30cm的共線，如圖示穿過線圈與厚紙之間，打結2次綁緊對摺處。

4 緊緊地打結2次固定。

5 從厚紙取下線圈。

指定尺寸

共線
約30cm

6 取2條約30cm的共線，依指定尺寸在上方繞線2至3次，綁緊後打結2次。

7 剪開線圈下方的對摺處。

指定尺寸

8 包含步驟6繫綁的共線，依指定尺寸修剪整齊。修剪時避免剪到繫綁上側的共線。

9 完成穗飾。以繫綁頂端的共線固定於織片等處。

第 5 章　編織作品

學會基本技巧後，開始編織應用作品吧！

一旦實際進行編織，一定會更加熟練棒針編織。

本章介紹的都是運用基本技巧就能夠完成的編織作品。

請一邊參考前述章節中介紹的織法，與下一章刊載的針目記號，

親自動手編織看看吧！

A

起伏編脖圍

直線編織再綴縫邊端就可以完成的
起伏編脖圍。織圖上雖然交互並排著
基本針法的下針與上針，
其實是只要織下針就能完成，
令編織新手開心不已的設計。

設計／和田みゆき
使用線材／Hamanaka Sonomono Alpaca Lily

織法
P.124

桂花針襪套

每1針1段都錯開編織下針與上針，
再加上每2段配色換線的橫紋桂花針襪套。
直線進行輪編，
最後在襪套口編織具有彈性的一針鬆緊編。

織法
P.125

B

設計／北原さやか
使用線材／Hamanaka Men's Club Master

織法
P.126

C

費爾島織入圖案手套

使用8色織線編織而成的纖細費爾島圖案，
成為十分吸睛的手套。熟悉配色換線方法後織織看吧！
因為是輪編，只要看著織片正面編織即可，
請一邊確認圖案一邊完成作品吧！

設計／風工房
使用線材／Hamanaka Amerry

樹葉花樣長圍巾

蓬鬆柔軟，只是輕輕圍在肩上就顯得優雅大方的
寬版長圍巾。樹葉花樣是以掛針、上針、下針、3併針、
2併針編織完成，簡單程度絕對超乎想像。
起針段與收針段的起伏編令成品更加俐落。

設計／和田みゆき
使用線材／DARUMA Merino Style 並太

D

織法
P.128

P.128

117

織法
P.129

E-1

E-2

鬆緊編毛線帽

重複編織2針上針與下針就能完成的二針鬆緊編毛線帽。
織片厚實又具有彈性，好戴又溫暖。直線進行輪編後，
在帽頂分散減針，最終段針目縮口束緊，毛線帽自然成形。
E-1配色織成條紋，E-2則是單色編織再縫上絨球的設計。

設計／高橋沙絵
使用線材／DARUMA Merino Style 並太

織法
P.134

F

艾倫花樣圍巾

三股麻花與爆米花針的生命之樹,構成這款艾倫花樣圍巾。
雖然是充滿細節的織片,但由於直線編織就能完成,
因此能夠專注享受編織花樣的樂趣。局部換線配色的設計十分新鮮有趣!
無論是單色編織或配色織成條紋,完成的作品都精美漂亮。

設計/高橋素子
使用線材/DARUMA Merino Style 極太

G

織法
P.130

麻花背心

前、後片中央織入麻花圖案,簡潔俐落卻又足夠顯眼的基本款圓領
背心。麻花之間織入1針交叉針。若使用含優質羊駝成分的毛線,
無論何時穿上都令人充滿新鮮感。

設計╱鎌田惠美子
使用線材╱Hamanaka Sonomono Alpaca Wool

H

織法
P.132

根西花樣背心

由下針與上針組合而成的根西花樣，是自古以來就令人深深喜愛的
傳統圖案之一。下半部為俐落的平面編，上半部則織入圖案
形成肩襠風背心。不加減針編織2片方形織片，引拔併縫肩線，
挑針綴縫脇邊即完成，即使是初學者也能夠輕鬆挑戰。

設計／風工房
使用線材／Hamanaka Aran Tweed

織法
P.123

北歐風織入圖案波奇包

圓形中央織入十字圖案，充滿北歐風情的波奇扁包。
充分發揮4色織線的配色效果。
輪編後以平面編併縫袋底，袋口縫上拉鍊即完成，
織法簡單，使用方便的設計充滿魅力。

設計／鎌田惠美子
使用線材／DARUMA Shetland Wool

P.122 I 北歐風織入圖案波奇包

＊使用線材

DARUMA Shetland Wool

原色（1）10g
玫瑰紅（4）10g
薄荷綠（7）10g
海藍色（11）10g

＊其他材料

拉鍊（16cm）1條

＊工具

5號棒針4枝

＊密度（10cm正方形）

織入圖案 21.5針 26.5段

＊完成尺寸

14.5cm 寬18.5cm

＊織法

1. 手指掛線起針，以輪編進行織入圖案
   （在織片背面渡線）與起伏編，完成波奇包身。
2. 對齊☆與★記號，進行平面編併縫。
3. 縫合拉鍊。

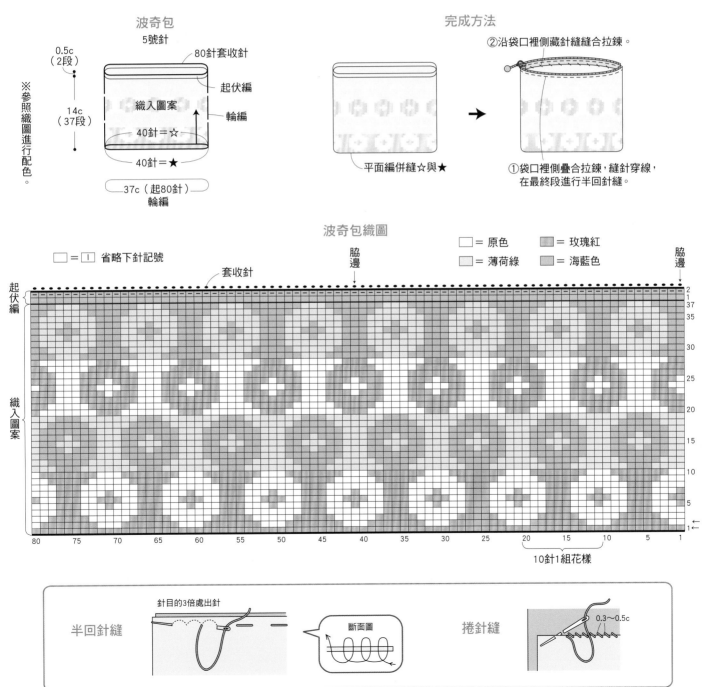

波奇包
5號針

80針套收針
起伏編
織入圖案
輪編
40針＝☆
40針＝★

0.5c（2段）
14c（37段）

37c（起80針）
輪編

※參照織圖進行配色。

完成方法

②沿袋口裡側藏針縫縫合拉鍊。

平面編併縫☆與★

①袋口裡側疊合拉鍊，縫針穿線，在最終段進行半回針縫。

波奇包織圖

□＝□ 省略下針記號

套收針

脇邊

脇邊

□＝原色　　■＝玫瑰紅
□＝薄荷綠　■＝海藍色

起伏編

織入圖案

10針1組花樣

半回針縫

針目的3倍處出針

斷面圖

捲針縫

0.3～0.5c

P.114 A 起伏編脖圍

＊使用線材
Hamanaka Sonomono Alpaca Lily
杏色（112）65g

＊工具
10號單頭棒針2枝

＊密度（10cm正方形）
起伏編 17.5針 34段

＊完成尺寸
周長62cm 寬19.5cm

＊織法
1. 手指掛線起針，以起伏編完成脖圍，
　最終段織套收針。
2. 綴縫織片兩端，接合成圈。

完成方法

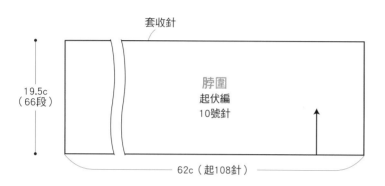

套收針

19.5c
（66段）

脖圍
起伏編
10號針

62c（起108針）

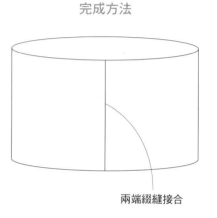

兩端綴縫接合

脖圍織圖

□ ＝ Ⅰ 省略下針記號

套收針

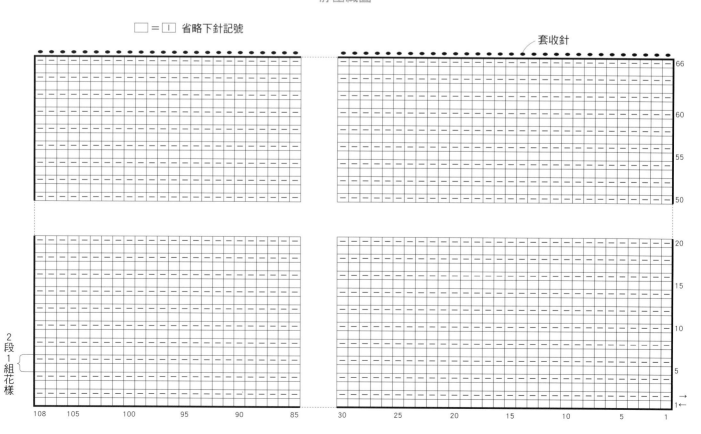

2段1組花樣

P.115 B 桂花針襪套

＊使用線材
Hamanaka Men's Club Master
淺杏色（27）70g
綠色（65）55g

＊工具
10號、12號、15號棒針各4枝

＊密度（10cm正方形）
花樣編（10號棒針）13針 26段
花樣編（12號棒針）12針 25段
花樣編（15號棒針）11.5針 23.5段

＊完成尺寸
長35cm

＊織法
手指掛線起針，進行輪編的花樣編、一針鬆緊編
完成襪套，最後以一針鬆緊編收縫。

□=｜ 省略下針記號
⌐=扭加針（上針）
□=淺杏色
□=綠色

襪套（2枚）

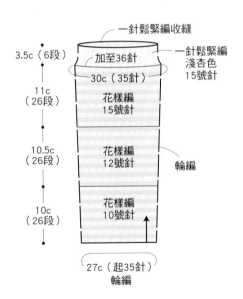

一針鬆緊編收縫
加至36針
3.5c（6段）
一針鬆緊編
淺杏色
15號針
30c（35針）
11c（26段）
花樣編
15號針
10.5c（26段）
花樣編
12號針
輪編
10c（26段）
花樣編
10號針
27c（起35針）
輪編

※花樣編配色參照織圖。

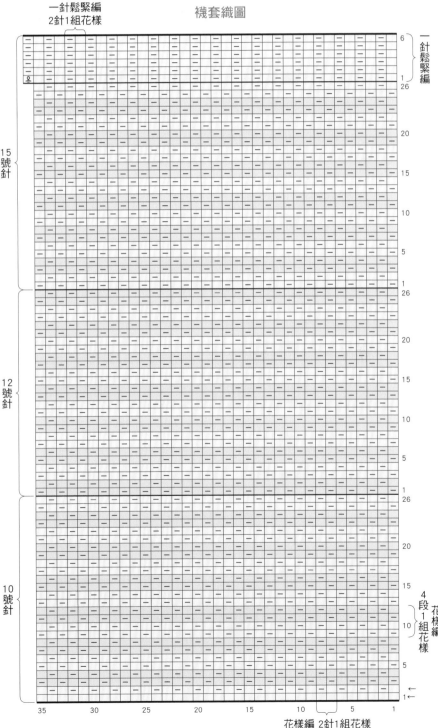

襪套織圖

一針鬆緊編
2針1組花樣

一針鬆緊編

15號針

12號針

10號針

4段1組花樣

花樣編 2針1組花樣

P.116 C 費爾島織入圖案手套

*使用織線
Hamanaka Amerry
杏色（21）25g
石楠紫（44）10g
草綠色（13）5g
灰綠色（37）5g
芥末黃（3）3g
紫色（18）3g
薰衣草紫（43）3g
風鈴草紫（46）3g
*工具
6號、5號棒針 各4枝

*密度（10cm正方形）
織入圖案 24針 27段
*完成尺寸
手掌圍20cm

*織法
1. 手指掛線起針，進行輪編的二針鬆緊編、織入圖案（在織片背面渡線）完成手套，最終段織套收針。中途於拇指位置織入別線。
2. 解開拇指位置的別線，挑針後進行輪編，以平面編完成拇指套，最終段織套收針。

右手本體

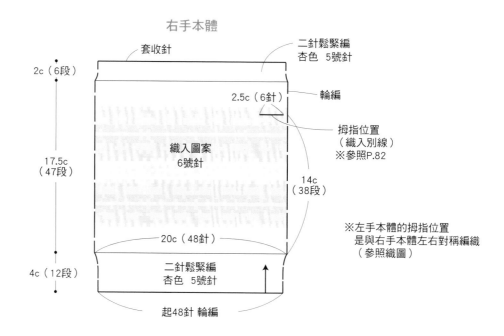

套收針
2c（6段）
二針鬆緊編
杏色 5號針
2.5c（6針）
輪編
拇指位置
（織入別線）
※參照P.82
17.5c（47段）
織入圖案
6號針
14c（38段）
20c（48針）
4c（12段）
二針鬆緊編
杏色 5號針
起48針 輪編

※左手本體的拇指位置
是與右手本體左右對稱編織
（參照織圖）

拇指
平面編
杏色 6號針

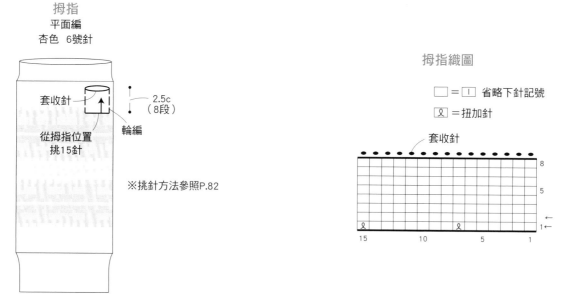

套收針
2.5c（8段）
輪編
從拇指位置
挑15針

※挑針方法參照P.82

拇指織圖

□ = |1| 省略下針記號

|Q| = 扭加針

套收針

8
5
1

15 10 5 1

手套本體織圖

□ = □ 省略下針記號

□ = 杏色（21）
■ = 石楠紫（44）
□ = 草綠色（13）
□ = 灰綠色（37）
■ = 芥末黃（3）
■ = 紫色（18）
■ = 薰衣草紫（43）
□ = 風鈴草紫（46）

──── = 右手拇指位置（織入別線）
── = 左手拇指位置（織入別線）

一邊織二針鬆緊編一邊織套收針

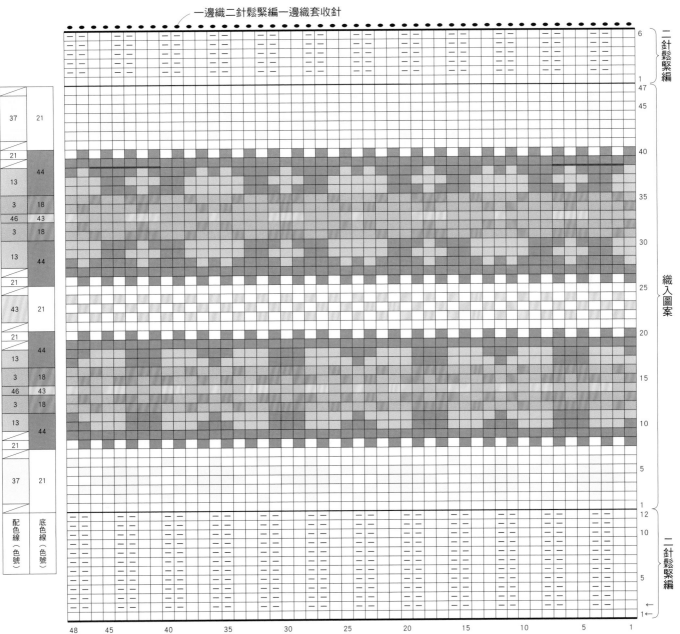

P.117 D 樹葉花樣長圍巾

＊使用織線
DARUMA
Merino Style並太
珊瑚紅（23）380g

＊工具
6號單頭棒針2枝

＊密度（10cm正方形）
花樣編　24.5針　29段

＊完成尺寸
寬48cm　長152cm

＊織法
手指掛線起針，以起伏編、花樣編完成圍巾，最終段織套收針。

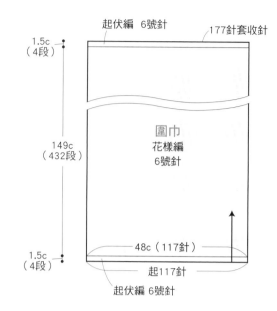

□＝Ｉ 省略下針記號

圍巾織圖

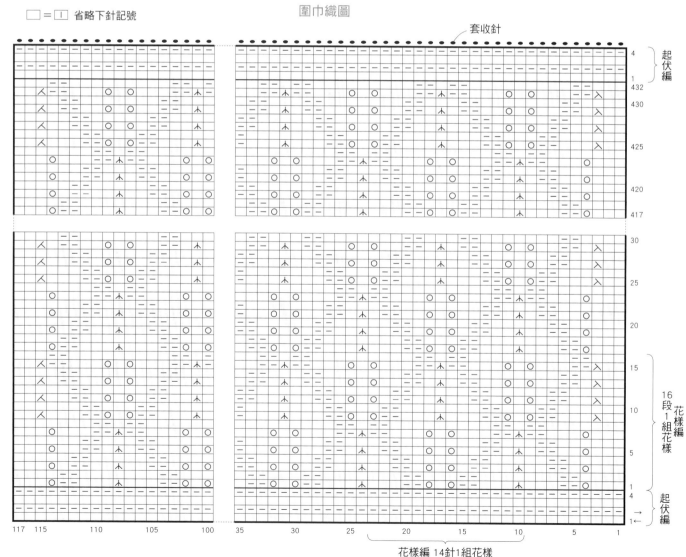

花樣編 14針1組花樣

P.118 E-1・E-2 鬆緊編毛線帽

*使用織線

DARUMA

Merino Style並太

E-1 水藍色（8）60g

　　原色（1）15g

E-2 土黃色（4）75g

*工具

7號棒針4枝

*密度（10cm正方形）

二針鬆緊編　28針　29段

*完成尺寸

頭圍40cm

※因織片具有彈性，可撐開戴上。

*織法

1. 手指掛線起針，進行輪編的二針鬆緊編完成帽子，
最終段穿線縮口束緊。

2. E-2製作絨球後，縫於帽頂。

☐ = 🇮 省略下針記號

E-1配色

☐ = 水藍色

☐ = 原色

※ E-2 為單色編織

毛線帽織圖

※重複◎進行減針

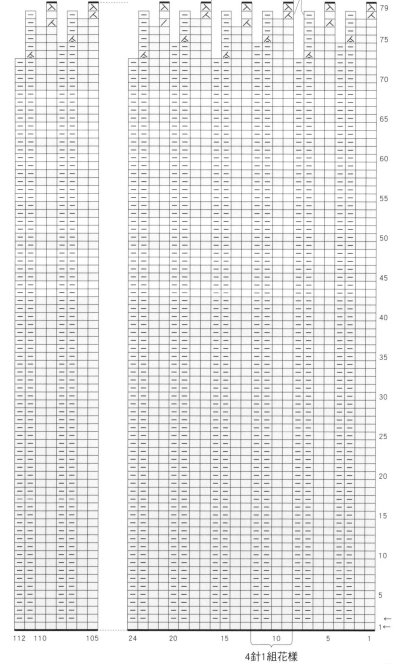

◎

接續編織

112　110　　　105　　24　20　　15　　10　　5　1

4針1組花樣

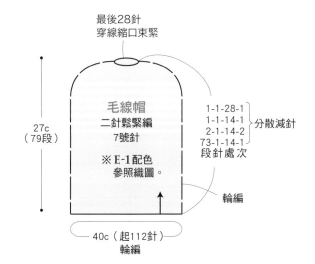

最後28針
穿線縮口束緊

毛線帽
二針鬆緊編
7號針

※ E-1配色
參照織圖。

27c
（79段）

1-1-28-1
1-1-14-1
2-1-14-2
73-1-14-1
段針處次　分散減針

輪編

40c（起112針）
輪編

完成方法

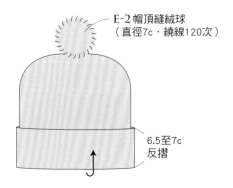

E-2帽頂縫絨球
（直徑7c・繞線120次）

6.5至7c
反摺

129

P.120 **G** 麻花背心

＊使用織線
Hamanaka Sonomono Alpaca Wool
灰色（44）365g

＊工具
10號、7號 單頭棒針各4枝
7號棒針4枝
麻花針
8/0號鉤針（起針、併縫肩線用）

＊密度（10cm正方形）
平面編 17.5針 21.5段
花樣編 24.5針 21.5段

＊完成尺寸
胸圍98cm 肩背寬36cm 衣長56cm

＊織法
1. 別鎖起針，編織平面編與花樣編完成前、後衣身。
2. 一邊解開別線鎖針一邊挑針，以一針鬆緊編完成下襬後，進行一針鬆緊編收縫。
3. 套收併縫肩線，挑針綴縫脇邊。
4. 領口、袖襱分別進行輪編的一針鬆緊編，再以一針鬆緊編收縫。

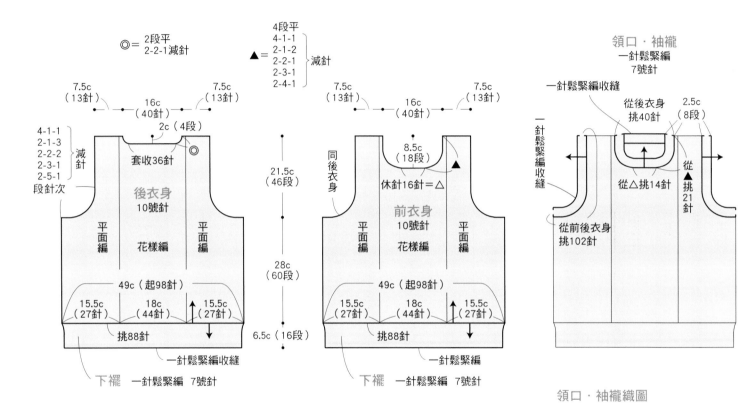

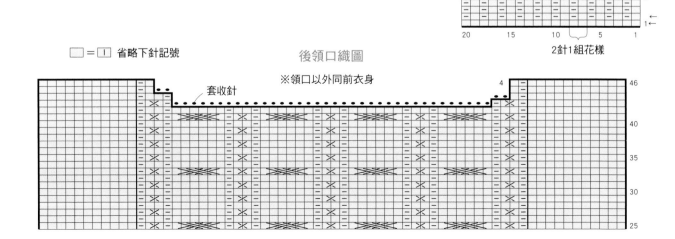

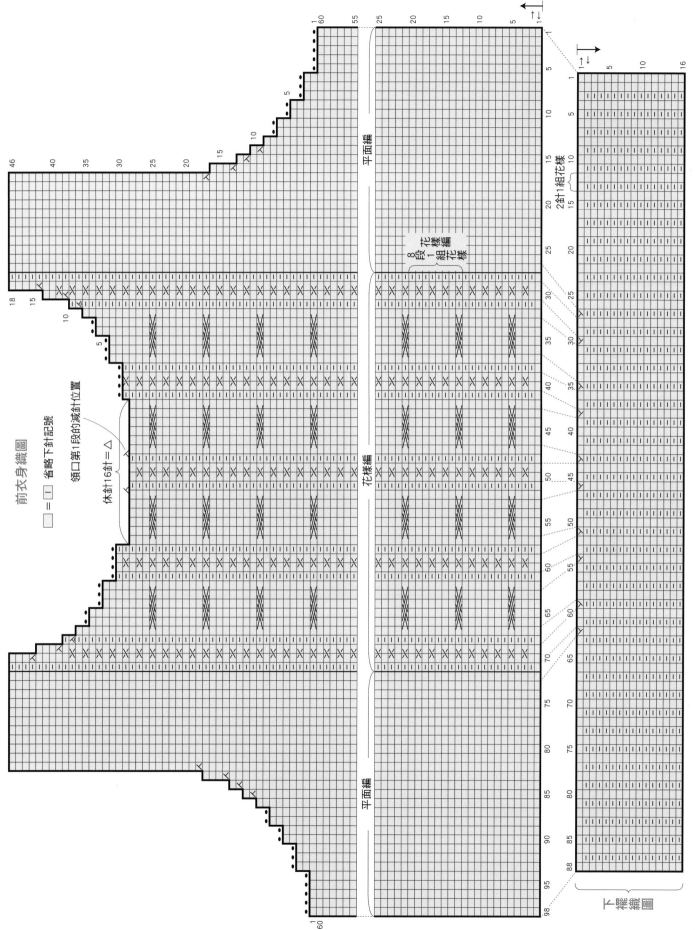

前衣身織圖

□ = Ｉ 省略下針記號

□ 領口第1段的減針位置

休針16針=△

平面編

花樣編

平面編

8段1組花樣 花樣編

2針1組花樣

下襬織圖

P.121 H 根西圖案背心

*使用織線
Hamanaka Aran Tweed
深藍色（16）305g

*工具
8號、7號單頭棒針各2枝
8/0號鉤針（併縫肩線・套收針用）

*密度
平面編（10cm正方形）17針　24.5段
花樣編A　17針＝10cm　19段＝7cm
花樣編B・D　17針＝10cm　21段＝8cm
花樣編C　17針＝10cm　20段＝7cm

*完成尺寸
胸圍112cm　衣長54cm　肩袖長28cm

*織法
1. 手指掛線起針，依序編織一針鬆緊編、平面編、
   花樣編A～D、起伏編，完成前、後衣身。
2. 引拔併縫肩線，領口休針處織套收針。
3. 挑針綴縫脇邊。

前・後衣身（各1枚）
※除指定以外，皆以8號棒針編織。

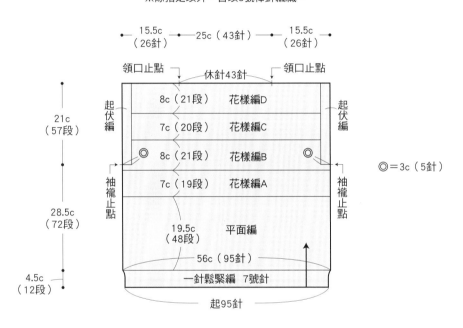

完成方法

併縫肩線後，繼續將領口的休針織套收針。

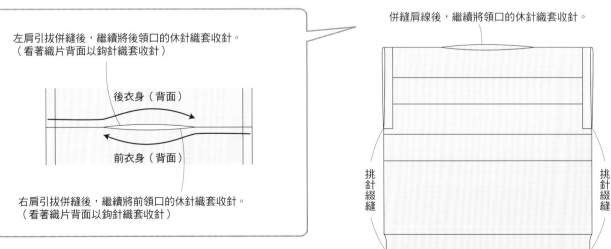

左肩引拔併縫後，繼續將後領口的休針織套收針。
（看著織片背面以鉤針織套收針）

後衣身（背面）

前衣身（背面）

右肩引拔併縫後，繼續將前領口的休針織套收針。
（看著織片背面以鉤針織套收針）

前・後衣身織圖

□ = Ⅰ 省略下針記號

引拔併縫肩線後，繼續看著織片背面鉤織套收針。

領口止點

領口止點

花樣編C・D
6針1組花樣

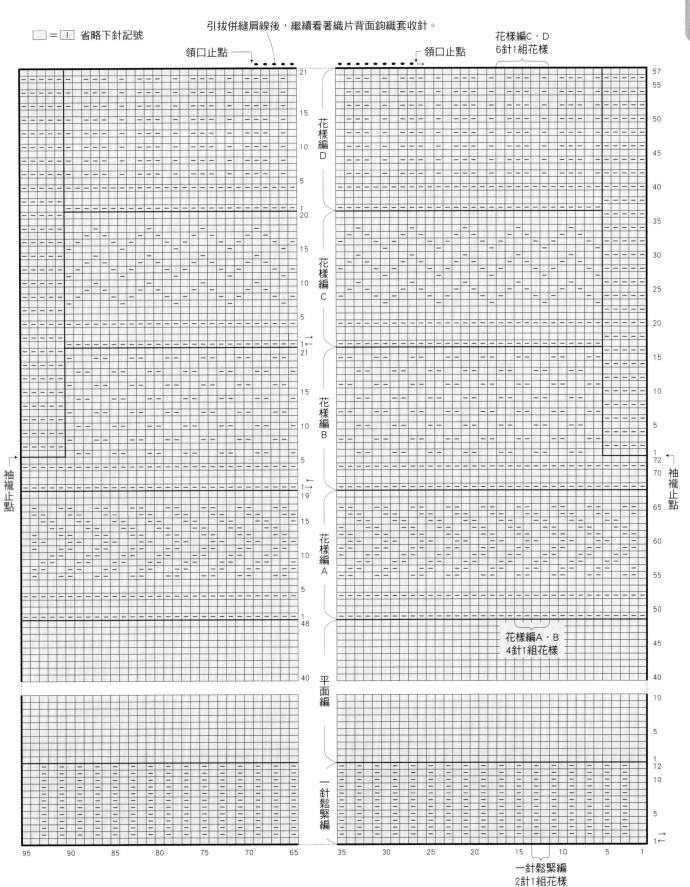

花樣編
D

花樣編
C

花樣編
B

花樣編
A

平面編

一針鬆緊編

袖襱止點

袖襱止點

花樣編A・B
4針1組花樣

一針鬆緊編
2針1組花樣

P.119 **F** 艾倫花樣圍巾

＊使用織線
DARUMA Merino Style 極太
原色（301）145g
芥末黃（311）45g

＊工具
10號單頭棒針2枝
麻花針

＊密度
花樣編　47針＝18cm　22.5段＝10cm

＊完成尺寸
寬18cm　長130cm

＊織法
手指掛線起針，以花樣編完成圍巾，最終段織套收針。

圍巾織圖

最終段上針織上針套收針，
下針織下針套收針，
扭針織扭針套收針。

套收針

圍巾
花樣編
10號針

芥末黃

70段

222段

原色

130c
（292段）

18c
（起47針）

□＝─ 省略上針記號

□＝（圖示）
5

□＝ 原色

□＝ 芥末黃

40段1組花樣

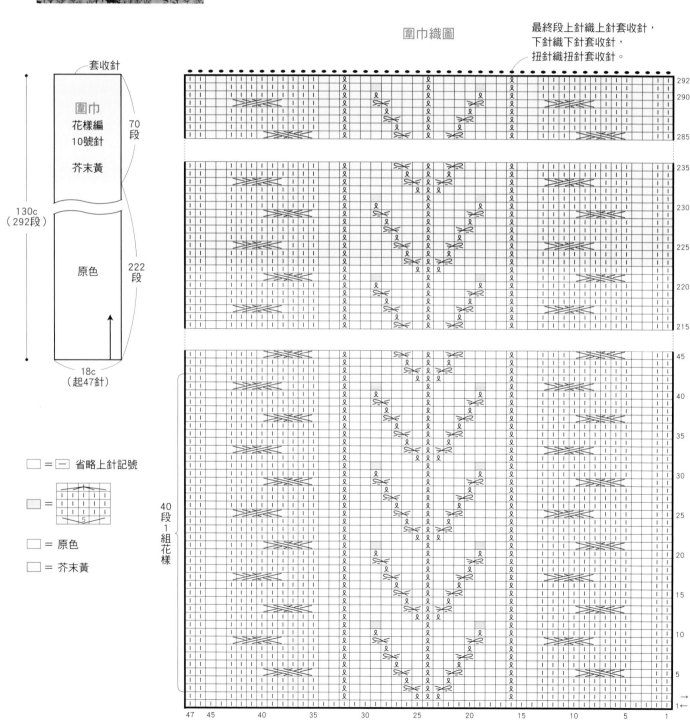

第6章　針目記號織法

本章將以放大的步驟插圖來解說常用的棒針針目記號。

織圖是由各式針目記號排列組合構成，

因此只要確實學會針目記號的織法，

無論多麼複雜的織圖都能夠挑戰。

| 下針

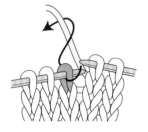 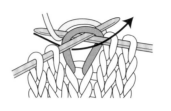  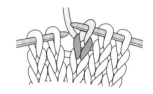

1 織線置於外側，右棒針由內往外穿入針目，依箭頭指示掛線。

2 右棒針依箭頭指示鉤出織線。

3 右棒針鉤出織線的樣子。

4 左棒針滑出針目。完成下針。

— 上針

 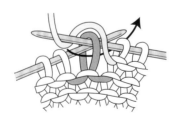 

1 織線置於內側，右棒針由外往內穿入針目，依箭頭指示掛線。

2 右棒針依箭頭指示鉤出織線。

3 右棒針鉤出織線的模樣。

4 左棒針滑出針目。完成上針。

粉紅色表示棒針穿入的針目（前段針目），水藍色表示掛線編織的新針目。
※表示方式會有例外。

棒針穿入的針目

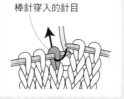

正在編織的針目

棒針穿入的針目

正在編織的針目

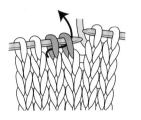 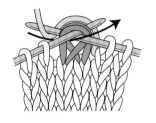 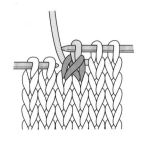 

人 左上2併針

1 右棒針依箭頭指示，由左往右一次穿入左棒針上的2針。

2 右棒針依箭頭指示掛線鉤出，2針一起織下針。

3 完成左針目重疊在上的左上2併針。

 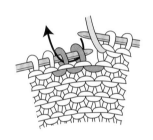 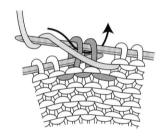  

人 左上2併針（上針）

1 右棒針依箭頭指示，由右往左一次穿入左棒針上的2針。

2 右棒針依箭頭指示掛線鉤出，2針一起織上針。

3 完成左針目重疊在上的左上2併針（上針）。

模樣的表現方式

依照織圖上的記號進行編織時，實際上出現記號模樣的位置，會是編織的前一段。計算段數時請注意。

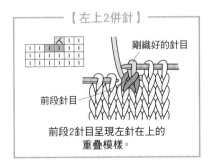 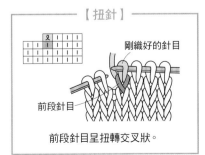 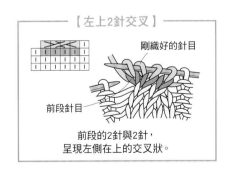

【左上2併針】
剛織好的針目
前段針目
前段2針目呈現左在上的重疊模樣。

【扭針】
剛織好的針目
前段針目
前段針目呈扭轉交叉狀。

【左上2針交叉】
剛織好的針目
前段針目
前段的2針與2針，呈現左側在上的交叉狀。

※但是也有例外，掛針（P.146）、挑針加針（P.146）、捲針（P.147）之類的加針模樣，會直接呈現在實際編織段。

137

右上2併針

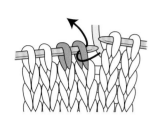
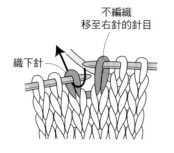
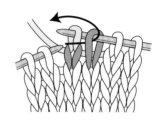
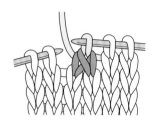

不編織
移至右針的針目

織下針

1 右棒針依箭頭指示穿入左針上的第1針，不編織，直接移至右針上。

2 右棒針依箭頭指示穿入下1針，織下針。

3 左棒針挑起不編織直接移動的第1針，套在剛織好的第2針上，接著滑出針目。

4 完成右針目重疊在上的右上2併針。

右上2併針（上針）

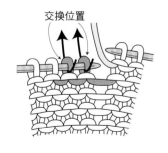

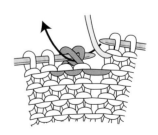
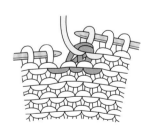

交換位置

1 交換左棒針上第1針與第2針的位置。右棒針依箭頭指示，分別由內往外穿入針目，不編織，直接移至右針上。

2 左棒針依箭頭指示，由右往左穿入不編織直接移動的2針，針目移回左棒針。

3 第1針與第2針交換位置的樣子。右棒針依箭頭指示入針，2針一起織上針。

4 完成右針目重疊在上的右上2併針（上針）。

入 左上3併針

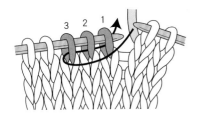

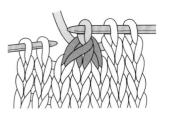

1　右棒針依箭頭指示，由左往
　右一次穿入針目1・2・3。

2　右棒針依箭頭指示掛線鉤
　出，3針一起織下針。

3　完成左針目重疊在上的左
　上3併針。

入 左上3併針（上針）

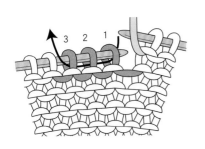

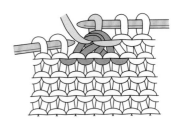

1　右棒針依箭頭指示，由右往
　左一次穿入針目1・2・3。

2　右棒針依箭頭指示掛線鉤
　出，3針一起織上針。

3　完成左針目重疊在上的左
　上3併針（上針）。

$\curlywedge$ 右上3併針

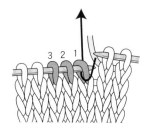

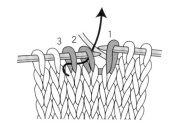

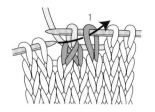

1 右棒針依箭頭指示穿入針目1，不編織，直接移至右針上。

2 右棒針依箭頭指示，一次穿入針目2與針目3，織左上2併針。

3 左棒針依箭頭指示，穿入不編織直接移動的針目1。

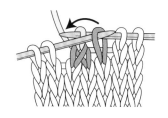

4 左棒針依箭頭指示挑起針目1，套在剛織好的針目上。

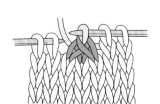

5 完成右針目重疊在上的右上3併針。

$\curlywedge$ 右上3併針（上針）

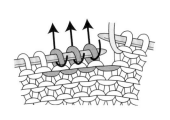

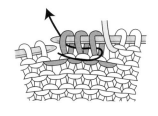

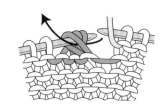

1 右棒針依箭頭指示，分別由內往外穿入左棒針上的3針，不編織，直接移至右針上。

2 左棒針依箭頭指示，由右往左穿入不編織直接移動的3針，針目移回左棒針。

3 右棒針依箭頭指示入針，3針一起織上針。

4 完成右針目重疊在上的右上3併針（上針）。

⼈ 中上3併針

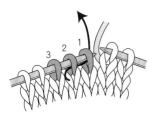 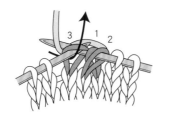 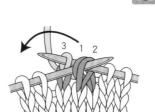 

1　右棒針依箭頭指示穿入針目2‧1，不編織，直接移至右針上。

2　右棒針依箭頭指示穿入針目3，織下針。

3　左棒針依箭頭指示，挑起不編織移動的針目1‧2，套在針目3上。

4　完成中央針目重疊在上的中上3併針。

⼈ 中上3併針（上針）

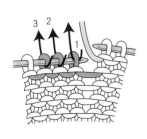

1　右棒針依箭頭指示，分別穿入針目1至3，不編織，直接移至右針上。
　　※請注意，僅針目1的穿入方向不同。

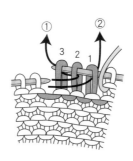

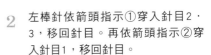

2　左棒針依箭頭指示①穿入針目2‧3，移回針目。再依箭頭指示②穿入針目1，移回針目。

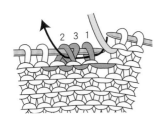

3　針目2‧3交換位置，依1‧3‧2的順序回到左針上。右棒針依箭頭指示一次穿入左棒針上的3針。

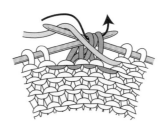

4　右棒針依箭頭指示掛線鉤出，3針一起織上針。

5　完成中央針目重疊在上的中上3併針（上針）。

左加針

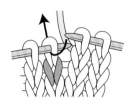

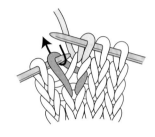

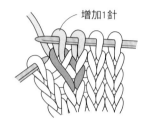

增加1針

1　織下針。

2　左棒針挑起步驟1織好針目的前2段針目，右棒針依箭頭指示穿入，織下針。

3　完成左加針。朝左側延伸增加1針。

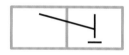

左加針（上針）

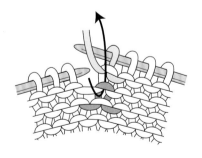

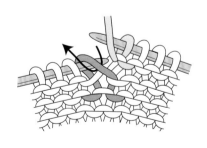

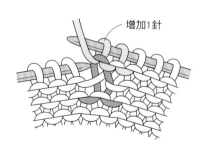

增加1針

1　織1針上針。左棒針挑起織好針目的前2段針目。

2　右棒針依箭頭指示穿入挑起的針目，織上針。

3　完成左加針（上針）。朝左側延伸增加1針。

 右加針

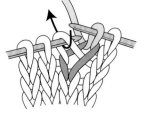

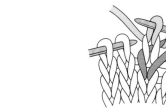

增加1針

1 右棒針挑起左針針目的前段針目，織下針。

2 完成下針的模樣。右棒針接著依箭頭指示穿入左棒針上的針目，織下針。

3 完成右加針。朝右側延伸增加1針。

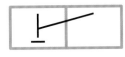 右加針（上針）

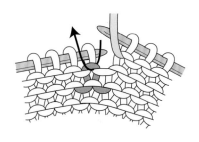

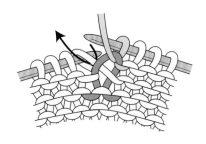

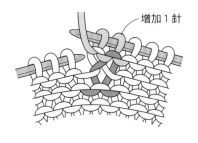

增加 1 針

1 右棒針挑起左針針目的前段針目，織上針。

2 完成上針的模樣。右棒針接著依箭頭指示穿入左棒針上的針目，織上針。

3 完成右加針（上針）。朝右側延伸增加1針。

ℓ 扭針

「扭針」與「扭加針」是以相同的記號來表示。織圖中加針時稱為「扭加針」，未加針時稱為「扭針」（上針也一樣）。

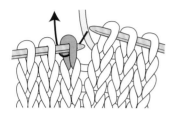

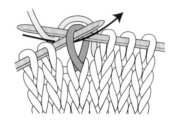

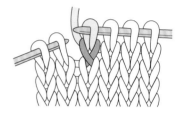

1　右棒針依箭頭指示，由外往內穿入左棒針上的針目。

2　右棒針依箭頭指示掛線鉤出，織下針。

3　完成下針。同時也完成了「扭針」，前段針目針腳呈扭轉交叉狀。

ℓ 扭針（上針）

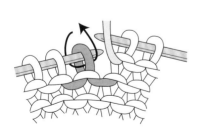

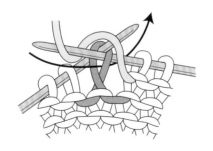

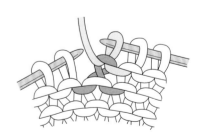

1　織線置於內側，右棒針依箭頭指示，由外往內穿入左棒針上的針目。

2　右棒針依箭頭指示掛線鉤出，織上針。

3　完成上針。同時也完成了「扭針（上針）」，前段針目針腳呈扭轉交叉狀。

扭加針

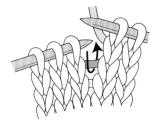

1 左棒針依箭頭指示，挑起前段針目間的橫向渡線。

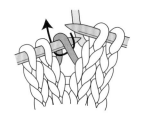

2 右棒針依箭頭指示穿入，扭轉渡線織下針。

3 完成扭加針。針目之間增加1針。

扭加針（上針）

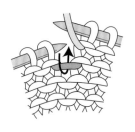

1 左棒針依箭頭指示，挑起前段針目間的橫向渡線。

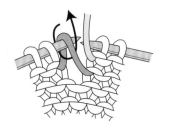

2 右棒針依箭頭指示穿入，扭轉挑起的橫向渡線。

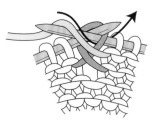

3 右棒針依箭頭指示掛線鉤出，織上針。

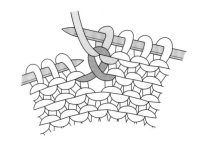

4 完成扭加針（上針）。針目之間增加1針。

毛衣脇邊或袖下等需要兩邊端左右對稱加針時，左右兩側的扭轉方向相反（參照P.58・59）。

下針時		上針時	
左端	右端	左端	右端

○ 掛針

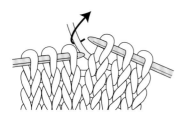

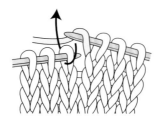

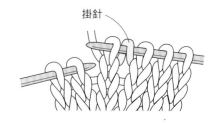

1　右棒針依箭頭指示由外往內挑線。

2　挑線後直接以掛在右針上的模樣織下針。

3　完成下一針的模樣。右針上掛在針目間的織線就是掛針。

挑針編織的加針（加3針）

※ =

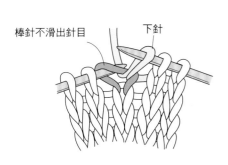

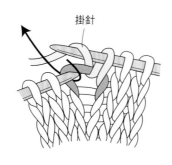

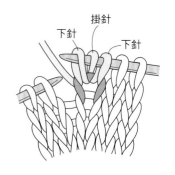

1　織1針下針。此時左棒針不滑出針目。

2　作一掛針，右棒針再次穿入步驟1的相同針目，織下針。

3　左棒針滑出針目。完成在同一針目織入3針的加針。1針增加為3針。

| ᗯ | 捲針 |

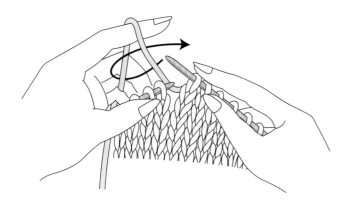

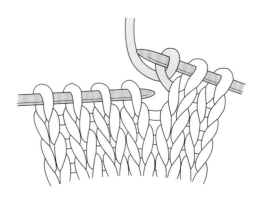

1　右棒針依箭頭指示挑左手的持線，食指鬆開後拉緊
　　織線。

2　完成捲針。捲繞在右針上的織線成為針
　　目。增加1針。

捲針的應用

需要在織片邊端增加2針以上時，是在織段終點側重複製作捲針（參照P.63）。

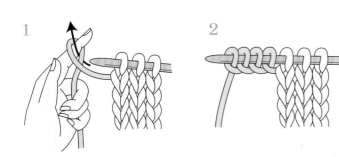

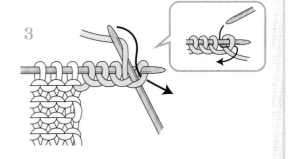

左手食指在織片左端如圖繞線，右棒針依箭頭指示挑線，食指
鬆開後拉緊織線，將捲繞在棒針上的針目靠向織片。

依圖示編織下一段的第1針。

 ## 右上1針交叉

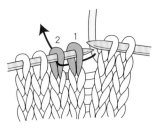 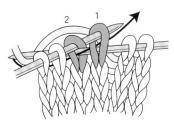 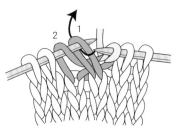 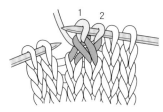

1 右棒針依箭頭指示，從針目1的外側穿入針目2。

2 穿入的針目2織下針。

3 針目1織下針。

4 左棒針滑出2針目。完成右上1針交叉。

此頁是不使用麻花針來解說的織法。不容易編織時，請使用麻花針（參照P.149）。

 ## 左上1針交叉

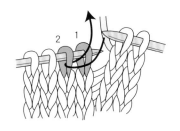 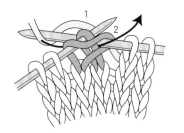 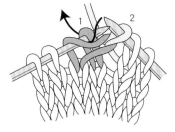 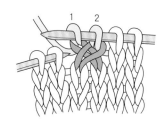

1 跳過針目1，右棒針依箭頭指示，由內往外穿入針目2。

2 穿入的針目2織下針。

3 針目1織下針。

4 左棒針滑出2針目。完成左上1針交叉。

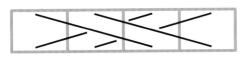

右上2針交叉

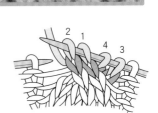

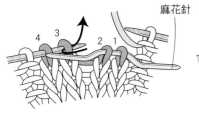

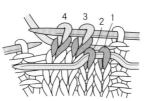

麻花針

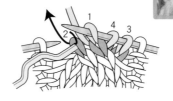

1 針目1‧2移至麻花針，置於織片內側暫休針。

2 針目3‧4織下針。

3 麻花針上暫休針的針目1‧2，依序織下針。

4 完成右上2針交叉。

若是覺得針目放在麻花針上難以編織，亦可將針目移回左棒針再編織。

左上2針交叉

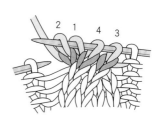

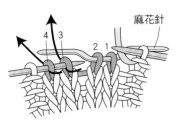

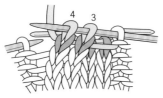

麻花針

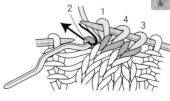

1 針目1‧2移至麻花針，置於織片外側暫休針。

2 針目3‧4織下針。

3 麻花針上暫休針的針目1‧2，依序織下針。

4 完成左上2針交叉。

交叉針的應用

交叉針也可以編織2針以上的交叉針，而且也沒有限定一定要以相同針數來編織交叉針。
可以織1針與2針交叉、其中一側為上針，或織扭針等廣泛地應用。
請依記號圖線條的上下位置，來理解該記號呈現於織片正面的編織方法。

【例①】

實線表示
位於上方的針目

3　2　1

橫線表示織上針

針目1‧2移至麻花針，置於內側暫休針，先織針目3的上針。暫休針的針目1‧2依序織下針。

【例②】

上方針目織扭針

2　1

下方針目織上針

針目1移至麻花針，置於外側暫休針，針目2織扭針。再將暫休針的針目1織上針。

左套右1針交叉

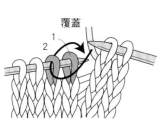
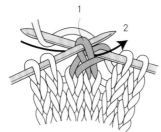
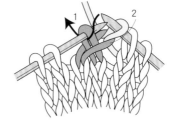
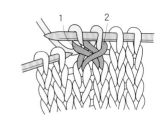

1 右棒針依箭頭指示挑起針目2，套在針目1上。

2 右棒針直接以穿入針目2的樣子，掛線織下針。

3 右棒針依箭頭指示穿入針目1，織下針。

4 完成左套右1針交叉。

右套左1針交叉

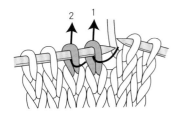
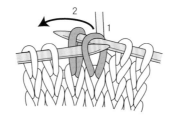

1 依箭頭指示分別挑起針目1・2，不編織，移至右針上。

2 左棒針挑起針目1，套在針目2上，然後將針目1・2移回左棒針。

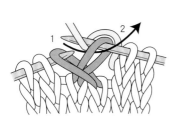
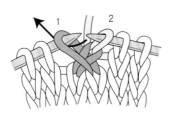
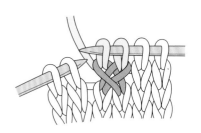

3 針目2織下針。

4 右棒針依箭頭指示穿入針目1，織下針。

5 完成右套左1針交叉。

左套右2針的變化交叉針

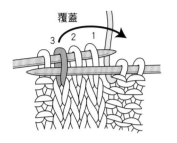
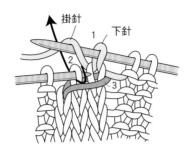

1　右棒針依箭頭指示挑起針目3，以滑出棒針的程度套在針目1・2上。

2　針目1織下針，接著作1掛針，針目2織下針。

3　完成左套右2針的變化交叉針。

右套左2針的變化交叉針

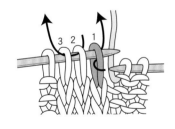
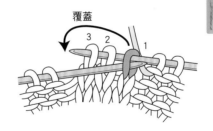
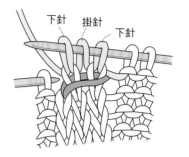

1　右棒針依箭頭指示，以織下針的要領穿入針目1，不編織，直接移動針目。接著依箭頭指示，以織上針的要領穿入針目2・3，不編織，直接移動針目。

2　左棒針依箭頭指示挑起針目1，以滑出棒針的程度套在針目2・3上。

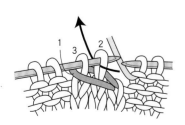
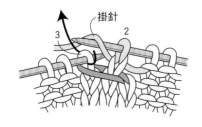
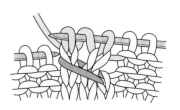

3　針目2・3移回左針上，針目2織下針。

4　作1掛針，針目3織下針。

5　完成右套左2針的變化交叉針。

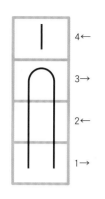

4←

3→

2←

1→

引上針

記號的第1段正常編織，第2段開始進行引上針的編織。

※以往復編的狀況進行說明。

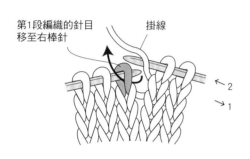

第1段編織的針目移至右棒針　掛線

←2
→1

1　第1段織上針（織片正面呈現下針）。第2段，右棒針如圖掛線後，挑起第1段的針目，不編織直接移至右針上。

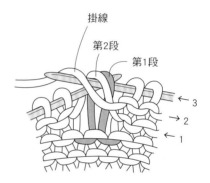

掛線
第2段
第1段

←3
→2
←1

2　第3段，第1‧2段的織線不編織，直接移至右棒針上，接著再次於右棒針掛線。

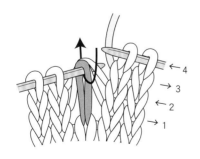

←4
→3
←2
→1

3　第4段，右棒針如圖示一次穿入左棒針上的第1至3段織線，織下針。

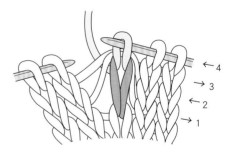

←4
→3
←2
→1

4　完成引上針。

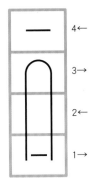

引上針（上針）

記號的第1段正常編織，第2段開始進行引上針的編織。

※以往復編的狀況進行說明。

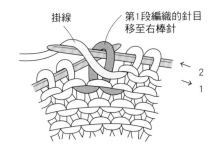

掛線　第1段編織的針目移至右棒針

1　第1段織下針（織片正面呈現上針）。第2段，第1段的針目不編織，直接移至右針上，接著如圖示在右針上掛線。

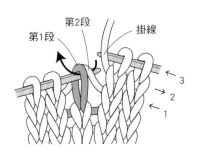

第2段　第1段　掛線

2　第3段，右棒針如圖掛線後，挑起左針上第1‧2段的織線，不編織直接移至右針上。

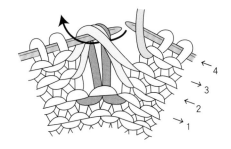

3　第4段，右棒針如圖示一次穿入左棒針上的第1至3段織線，織上針。

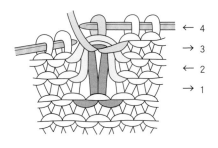

4　完成引上針（上針）。

153

滑針

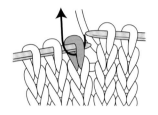

1　右棒針依箭頭指示穿入針目，不編織直接移動針目。

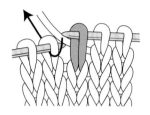

2　織線置於移動的針目外側渡線，直接織下1針。

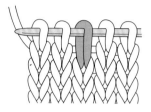

3　完成滑針。織線在移動針目的外側渡線。

 浮針

滑針與浮針的差異為渡線方式不同。
在針目外側渡線稱為滑針，
在針目內側渡線則稱為浮針。

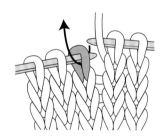

1　織線置於內側，右棒針依箭頭指示穿入針目，不編織直接移動針目。

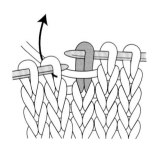

2　織線從移動針目的內側渡線，再移至外側，織下1針。

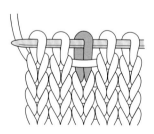

3　完成浮針。織線在移動針目的內側渡線

捲針編（繞線3次）

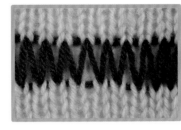

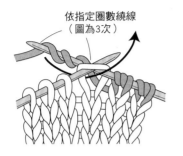

依指定圈數繞線
（圖為3次）

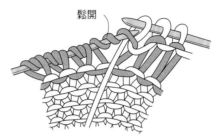

鬆開

1 右棒針以下針的要訣穿入左針上的針目，在針上依指定圈數繞線（圖為繞3次）後織下針。

2 編織下一段針目時，鬆開繞在棒針上的織線。完成此段後，棒針往上下·左右移動，將針目調整平均。

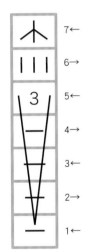

7← 人
6→ |||
5← 3
4→ ─
3← ─
2→ ─
1← ─

黑莓針

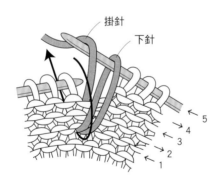

掛針
下針

← 5
→ 4
← 3
→ 2
1

1 第1至4段織上針的平面編。第5段，右棒針依箭頭指示穿入前4段（第1段）的針目，鉤出織線，拉長後織下針、掛針、下針。

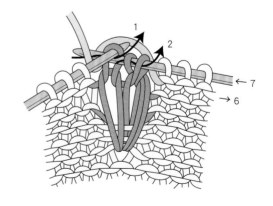

1
2

← 7
→ 6

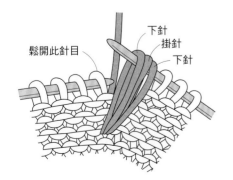

鬆開此針目

下針
掛針
下針

2 左棒針滑出第4段左側的針目，鬆開至第1段。下1針開始繼續織上針的平面編。

3 第6段是將第5段挑針編織的加3針織上針（織片正面呈現下針）。第7段，則是如箭頭指示將這3針織中上3併針（參照P.141）。

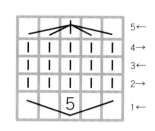

5針5段的爆米花針

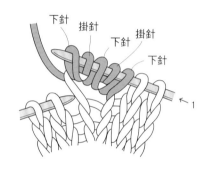

下針　掛針　下針　掛針　下針

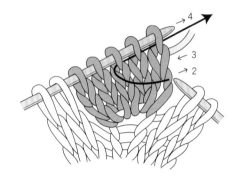

1　第1段，在前段的1針裡交互織入下針與掛針，增加5針。

（參照P.146　）

2　第2至4段，僅加針的5針進行往復編的平面編。第5段，右棒針依箭頭指示穿入右側3針，不編織，直接移動針目。

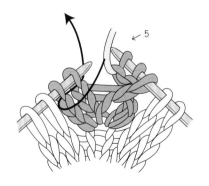

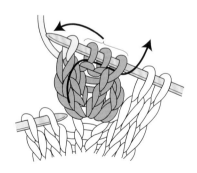

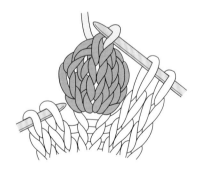

3　右棒針依箭頭指示穿入另外2針，織2併針。

4　左棒針依箭頭指示，挑起不編織直接移動的3針，套在織好的2併針上。

5　完成5針5段的爆米花針。

樂・鉤織 26

全圖解・永久保存版！初學棒針編織入門書

作　　　者／BOUTIQUE-SHA
譯　　　者／林麗秀
發　行　人／詹慶和
責　任　編　輯／蔡毓玲
編　　　輯／劉蕙寧・黃璟安・陳姿伶
美　術　編　輯／周盈汝
美　術　編　輯／陳麗娜・韓欣恬
出　版　者／Elegant-Boutique 新手作
發　行　者／悦智文化事業有限公司
郵政劃撥帳號／19452608
戶　　　名／悦智文化事業有限公司
地　　　址／新北市板橋區板新路 206 號 3 樓
電　　　話／（02）8952-4078
傳　　　真／（02）8952-4084
網　　　址／www.elegantbooks.com.tw
電　子　信　箱／elegantbooks@msa.hinet.net

2022 年 07 月初版一刷　定價 420 元

Lady Boutique Series No.4733
SHIN・BOBARIAMI NO KIHON
©2018 Boutique-sha, Inc.
All rights reserved.
Original Japanese edition published in Japan by BOUTIQUE-SHA.
Chinese (in complex character) translation rights arranged with
BOUTIQUE-SHA
through Keio Cultural Enterprise Co., Ltd., New Taipei City, Taiwan.

經銷／易可數位行銷股份有限公司
地址／新北市新店區寶橋路 235 巷 6 弄 3 號 5 樓
電話／（02）8911-0825　　傳真／（02）8911-0801

國家圖書館出版品預行編目資料

全圖解.永久保存版！初學棒針編織入門書／
BOUTIQUE-SHA 編著；林麗秀譯. -- 初版. -- 新
北市：Elegant-Boutique 新手作出版：悦智文化事
業有限公司發行，2022.07
　面；　公分. -- (樂. 鉤織；26)
譯自：新 棒針編みの基本
ISBN 978-957-9623-86-5(平裝)

1.CST: 編織 2.CST: 手工藝

426.4　　　　　　　　　　　　　111008317

線材提供

Hamanaka 株式会社
http://hamanaka.co.jp/

橫田株式会社（DARUMA）
http://daruma-ito.co.jp/

工具提供

Clover 株式会社
http://www.clover.co.jp

staff

編輯／高橋ひとみ　北原さやか　高橋沙絵　高橋素子
攝影／腰塚良彥　藤田律子　島田佳奈
書籍設計／牧陽子
製圖／白井麻衣